U0250281

电工
原理与实训

主 编 董 瑞 吴祖国

副主编 王 津 潘必胜 王 江 郭云辉

WUHAN UNIVERSITY PRESS

武汉大学出版社

图书在版编目(CIP)数据

电工原理与实训/董瑞,吴祖国主编. —武汉:武汉大学出版社,2020.9
(2021.7 重印)

ISBN 978-7-307-21688-4

Ⅰ.电… Ⅱ.①董… ②吴… Ⅲ.电工技术—军队院校—教材
Ⅳ.TM

中国版本图书馆 CIP 数据核字(2020)第 141861 号

责任编辑:任仕元　　　责任校对:李孟潇　　　版式设计:马　佳

出版发行:**武汉大学出版社** 　(430072　武昌　珞珈山)

(电子邮箱:cbs22@ whu.edu.cn 网址:www.wdp.com.cn)

印刷:武汉中科兴业印务有限公司

开本:787×1092　1/16　印张:15.5　字数:365 千字　插页:1

版次:2020 年 9 月第 1 版　　2021 年 7 月第 2 次印刷

ISBN 978-7-307-21688-4　　定价:39.00 元

前　　言

电工学是研究电磁领域的客观规律及其应用的科学技术，包含电力生产和电工制造两大工业生产体系。电工学的发展水平是衡量社会现代化程度的重要标志，是推动社会生产和科学技术发展、促进社会文明的有力杠杆。电工原理是电子类、信息类等相关专业必修的一门专业基础课程，课程注重理论与实践的结合。

本书依据电工原理课程教学的培养目标和基本要求，遵从认知规律，从简至繁，注重技能训练和应用实践。书中选入大量常见的、学生感兴趣的、便于搭建的实用电路，可供教学演示和学生自主研究性学习，以更好地体现理、技、实一体化的教育特色，适应工程实践的需求。

本书在内容选取及章节安排上，突出"够用和实用"的教改方向，去掉或避开烦琐的理论推导，弱化电路微观理论，强调电路宏观特性和用途。努力适应电子工程技术的发展，将强电、弱电知识合为一体，初步形成发电、配电、用电整个供配电系统知识体系。采用理、技、实相结合，在技能训练和综合实训中，安排与理论教学相适应的元器件识别与测试、仪器仪表的使用和规范操作、实用电路的搭建、检测和调试等内容。通过从理论到实践再回到理论的过程，易于电工原理知识的理解和掌握。同时增加安全用电、安全接地和触电急救方面的内容，以培养学生良好的职业道德素养和安全用电意识。

本书力求让学生通过理论学习、技能训练和综合实训，掌握电工理论基础知识，学会识读简单电工电路图，会正确使用常用仪器、仪表，能发现和排除一般电路故障，知道和遵守安全用电的规定，具备一定的电工电路识图能力、动手操作能力、仪器设备使用能力、电路检测和维修能力，为后续电子类课程学习和专业技能培养奠定知识和能力基础。

全书共 10 章，内容包括：电路的基本概念、直流电路的基本分析与测试、电路的过渡过程与测试、正弦交流电路、三相交流电路的分析与测试、变压电路的分析与测试、低压控制器的分析与测试、电动机及其控制电路的原理和测试、供配电与安全用电和综合实训。每章后面均附有习题。

参加本书编写的人员都是从事电工电子基础教学和研究的一线教学人员，具体分工如下：董瑞副教授负责编写第 1、2、3 章，王津讲师负责编写第 4 章，吴祖国副教授负责编写第 5、6 章，潘必胜讲师负责编写第 7、10 章，郭云辉副教授负责编写第 8 章，王江副教授负责编写第 9 章。全书由董瑞、潘必胜统稿，由国防科技大学崔琛教授担任主审。崔琛教授认真审阅了全书，并提出了许多宝贵意见和建议，对此我们表示深深谢意。

　　我们在编写本书的过程中，参考和查阅了国内外众多优秀教材和文献资料，受到不少启发，汲取了许多养分，特向这些教材和文献资料的作者致以诚挚的谢意。

　　由于水平有限，加之编写时间仓促，书中不妥和错误之处在所难免，恳请读者批评指正。

编　者

2020 年 7 月

目　　录

第1章 电路的基本概念

电路是电力系统、控制系统、通信系统和计算机硬件系统等的主要组成部分，可以按要求完成电信号的产生、电能的转换、数据的传输、电气设备的控制等任务。本章从电路电性能的描述和检测出发，介绍电路模型、电路的基本物理量和线性电阻元件。重点讨论电流、电压、电位、电能、电功率等物理量的基本概念及借助各种电工仪器仪表对其进行测量的方法。

1.1 电路和电路模型

从 1600 年英国吉尔伯特研究静电开始，人们就对电磁现象产生了浓厚兴趣。1745 年荷兰物理学家穆申布鲁克发明了能够储存电荷的莱顿瓶。1785 年法国工程师、物理学家库仑用自己发明的扭秤证明了电荷之间的作用力与距离的平方成反比。1800 年意大利物理学家亚历山德罗·伏特发明了"伏特电堆"。1820 年丹麦物理学教授奥斯特发现载流导线的电流会对磁针产生作用力，使磁针改变方向。同年，法国物理学家安培发现载流导体可以像磁铁一样相互吸引或相互排斥，提出了著名的安培定律。1826—1827 年德国物理学家欧姆建立欧姆定律。1831 年英国物理学家法拉第发现了电磁感应现象，并进而得到产生交流电的方法。1862 年苏格兰自然哲学教授麦克斯韦建立了光的电磁理论，并证明了电磁波在空气中是以光速($3 \times 10^8 \mathrm{m/s}$)传播的。1887 年德国物理学家赫兹通过实验证实电磁波的存在。1888 年德国科学家基尔霍夫提出了电路中电压和电流所遵循的两个基本定律(KCL 和 KVL)。1895 年德国物理学家伦琴发现了一种高频电磁波即 X 射线。1896 年意大利无线电工程师、实用无线电报通信创始人马可尼成功利用电磁波进行了约 2km 距离的无线电通信实验。同年 3 月在彼得堡物理学年会上，俄国物理学家和电工学家波波夫进行了无线电传递莫尔斯电报码的表演，发送距离约 250m。1904 年英国物理学家约翰·安布罗斯·弗莱明发明了二极管。1906 年美国德·福雷斯特发明了第一个能对信号进行放大的器件即真空三极管。美国电机工程师阿姆斯特朗不仅在 1912 年发明了第一个再生式放大电路和第一个非机械振荡器，而且发明了超外差电路、超反馈电路以及宽幅调频系统。1948 年，贝尔实验室的威廉·肖克利和两位同事发明了晶体管。1958 年，杰克·基尔比研制出了世界上第一块集成电路。1959 年，仙童半导体公司的罗伯特·罗伊斯研制了更为复杂的硅集成电路,并马上投入了商业领域。1960 年至 1980 年间,芯片上元器件的"集成度"增加了一百万倍。21 世纪以后,调频广播、彩色电视、移动电话、笔记本电脑、全球定位系统、无线网络、纳米芯片、智能家电、微型传感器等各种电气和电子技术飞速发展。

在电路设计、安装和调试的过程中,必须考虑到每一个元器件的固有特性和工作条件的局限性,确保它们在所处的地理环境、气候环境、机械环境和电磁环境下能够可靠地工作。为此,必须从理解元器件的基本特性入手,掌握理想器件的工作原理,理清实际器件与理想器件间的关系,弄清楚每一个元器件在电网中的功能。

1.1.1　实际电路的组成和作用

人们在生产和生活中使用的电器设备,如电动机、电视机、计算机等都由实际电路构成。实际电路的结构组成包括电源、负载和中间环节。其中,电源的作用是为电路提供能量,如利用发电机将机械能或核能转化为电能、利用蓄电池将化学能转化为电能等;负载则将电能转化为其他形式的能量加以利用,如利用电动机将电能转化为机械能、利用电炉将电能转化为热能等;中间环节起连接电源和负载的作用,包括导线、开关、控制线路中的保护设备等。

图 1.1.1 所示的手电筒电路中,电池作电源,白炽灯作负载,导线和开关作为中间环节将白炽灯和电池连接起来。

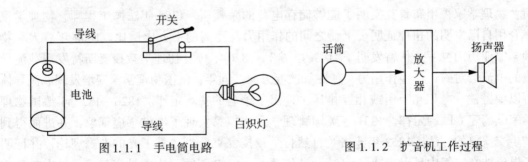

图 1.1.1　手电筒电路　　　　　　　　图 1.1.2　扩音机工作过程

在电子对抗、电力、通信、计算机等各类系统中,电路有着不同的功能和作用。电路的作用可以概括为以下两个方面。第一,实现电能的传输和转换。图 1.1.1 中,电池通过导线将电能传递给白炽灯,白炽灯将电能转化为光能和热能。第二,实现信号的传递和处理。图 1.1.2 所示是一个扩音机的工作过程,话筒将声音的振动信号转换为电信号,即相应的电压或电流,经过放大处理后,通过电路传递给扬声器,再由扬声器还原为声音。

1.1.2　电路模型

实际电路由各种作用不同的电路元件或器件所组成。实际电路元件种类繁多,且电磁性质较为复杂。如图 1.1.1 中的白炽灯,它除了具有消耗电能的性质外,当电流通过时,还具有电感性。为便于对实际电路进行分析和数学描述，需将实际电路元件用能够代表其主要电磁特性的理想元件或它们的组合来表示，这称为实际电路元件的元件模型。

反映具有单一电磁性质的元件模型称为理想元件，包括电阻(只涉及消耗电能的现象)、电感(只涉及与磁场有关的现象)、电容(只涉及与电场有关的现象)、电压源和电流源等。

理想电路元件是一种理想的模型并具有精确的数学定义，实际并不存在。表 1-1-1 所列的是我们在电路中常用的几种理想电路元件及其图形符号。例如，电阻器、灯泡、电炉等，它们的主要电磁性能是消耗电能，可用一个电阻 R 来表示，它能反映消耗电能的特性。理想电阻元件只消耗电能，既不能储存电能，也不能储存磁能。

表 1-1-1 常用的几种理想电路元件及其图形符号

元件名称	图形符号	元件名称	图形符号
电阻	R	电池	E
电感	L	理想电压源	$+ \; U_s \; -$
电容	C	理想电流源	I_s

由理想元件所组成的电路称为实际电路的电路模型，简称电路。将实际电路模型化是研究电路问题的常用方法。

当电路的尺寸远小于其工作最高频率所对应的波长时，可采用集总电路模型，即可以不考虑电路中电场与磁场的相互作用，认为电能的传输是瞬间完成的。比如，我国电力用电的频率为 50Hz，对应的波长为 6×10^6m，如果用电设备组成的电路尺寸远小于这一波长，可以按集总电路分析；而对于尺寸大于或属于同一数量级的远距离输电线，就必须考虑到电场、磁场沿线分布的现象，采用分布电路分析。本书仅讨论集总电路模型的分析。

在图 1.1.1 所示电路中，电池在对外提供电压的同时，内部也有电阻消耗能量，所以电池用理想电压源 U_s 和内阻 R_s 的串联表示；白炽灯除了具有消耗电能的性质(电阻性)外，通电时还会产生磁场，具有电感性，但电感微弱，可忽略不计，于是可认为白炽灯是一个理想电阻元件，用 R 表示。只考虑闭合开关和导线的导电性能而忽略两者本身的电能损耗，手电筒的电路模型如图 1.1.3 所示。

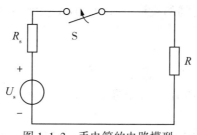

图 1.1.3 手电筒的电路模型

1.1.3 技能训练 连接手电筒电路

1. 测试电路

按图 1.1.3 所示连接手电筒电路，其中：电源 U_s 电压为 5V，R_s 为 51Ω 电阻，R 为白炽灯泡。

2. 测试内容

观察记录：

(1) 开关 S 对白炽灯的控制效果。

(2) 改变 U_s 值 (−15V ~ 15V)，观测白炽灯的明暗变化。

(3) 改变 R_s 的阻值 (51Ω、100Ω、510Ω、1000Ω 等)，观察白炽灯的明暗变化。

1.2 电流及其测量

1.2.1 电流

电流是由电荷的定向移动形成的，可通过它的多种效应 (如磁效应、热效应) 来感知其客观存在。我们把单位时间内通过导体横截面的电荷量定义为电流强度，简称电流，用 i 或 $i(t)$ 表示，即

$$i(t) = \frac{\mathrm{d}q}{\mathrm{d}t} \tag{1-2-1}$$

式中，q 为通过导体横截面的电荷量，单位是库仑 (C)；t 是时间，单位是秒 (s)。

若电流的大小和方向不随时间而变，即 $\mathrm{d}q/\mathrm{d}t$ 为常数，则这种电流称为直流电流，常用大写字母 I 表示，否则称为时变电流。若电流的大小和方向均随时间按正弦规律作周期性变化，则称之为正弦交流电流，简称交流电流，交流电流的瞬时值必须用小写字母 i 或 $i(t)$ 表示。需要指出，大写字母只能表示数值没有变化的物理量，小写字母则无此限制。

在法定计量单位中，电流的单位是安培 (A)，有时也用千安 (kA)、毫安 (mA)、微安 (μA) 和纳安 (nA) 等，它们之间的换算关系为，$1\mathrm{kA} = 10^3\mathrm{A}$，$1\mathrm{A} = 10^3\mathrm{mA} = 10^6\mathrm{\mu A} = 10^9\mathrm{nA}$。

1.2.2 电流的参考方向

电流不仅有大小，而且还有方向，习惯上把正电荷运动的方向规定为电流的实际方向。

在实际分析电路时，电流的实际方向往往难以判断，例如交流电流就不能用固定的箭

头表示实际方向。为分析方便，引入"电流的参考正方向"概念。可任意选定一方向作参考，称为参考方向(或正方向)，在电路图中用箭头表示。也可用字母带双下标表示，如 I_{ab} 表示参考方向是从 a 指向 b，如图1.2.1所示。并规定：当电流的参考方向与实际方向一致时，电流取正值，$I>0$，如图1.2.1(a)所示；当电流的参考方向与实际方向相反时，电流取负值，$I<0$，如图1.2.1(b)所示。这样，在电路计算时，只要选定了参考方向，并算出电流值，就可根据值的正负号来判断电流的实际方向。

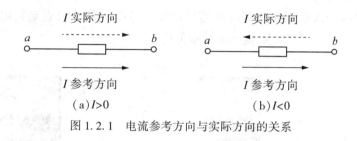

图1.2.1 电流参考方向与实际方向的关系

1.2.3 技能训练 直流电流的测量

主要采用电流表或万用表的电流挡测量电流。图1.2.2所示为常见的指针式交直流毫安表，图1.2.3所示为常用的数字式万用表。使用万用表测量电流时，黑表笔插入"COM"口，红表笔插入标志电流的接口，常用电流单位表示，图1.2.3所示为"μA mA"口，并将万用表挡位置于电流挡，图1.2.3所示为毫安挡。

图1.2.2 交直流毫安表

图1.2.3 万用表毫安挡

实际测量电流时，如果无法正确估算电流值的范围，应把毫安表调到最大量程，再根据实际测量值调整到合适的量程(为使测量值误差最小，应使测量值在指针偏转的1/2或2/3以上处)。

在电路理论中，为简化分析问题的步骤，通常把电流表理想化，即把电流表的内阻视为零。但实际上电流表的内阻总是存在的，根据各电流表内阻的不同，通常把电流表的精度划分为不同等级，精度越高的电流表其内阻越小。

实际测量电流时，必须把电流表串接在被测支路中。如果使用中误将电流表与被测支路相并联，或者把电流表并接在电源两端，就可能因其内阻很小造成过流而把电流表烧损。此外，测量直流电流时，如果采用指针式电流表，还要注意电流表的极性不要接反。如图1.2.4所示，在图(a)中连接在电源正极测量电流时：红表笔接电源的"+"极，黑表笔接负载；在图(b)中连接在电源负极测量电流时：黑表笔接电源的"−"极，红表笔接负载；即红表笔接电流流进的一端，黑表笔接电流流出的一端。测量交流电流时无极性选择要求。如果采用数字式电流表，当红表笔接电流流进的一端、黑表笔接电流流出的一端时，显示屏显示正值。反之，则显示屏显示负值。

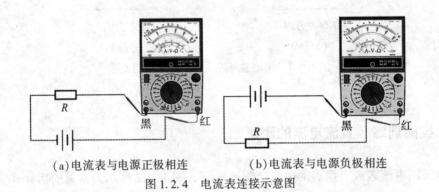

(a)电流表与电源正极相连   (b)电流表与电源负极相连

图 1.2.4　电流表连接示意图

1. 测试电路

如图1.2.5所示连接电路，其中：电源 U_s 电压为15V，R_s 为1000Ω电阻，R 为白炽灯，Ⓐ是电流表。

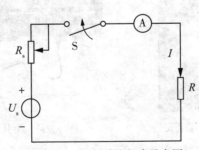

图 1.2.5　电流测量电路示意图

2. 测试内容

(1)闭合开关S，用万用表测量流过白炽灯 R 上的电流 I，观察白炽灯的明暗，将测试结果记入表1-2-1中。

表 1-2-1 测试数据记录

R_s阻值/Ω	51	100	510	1k	2.4k
I/mA					
白炽灯(R)明暗排序					

（2）R_s 为 100Ω 电阻，改变电源 U_s 值，用万用表测量流过电阻 R 上的电流 I，观察白炽灯的明暗，将测试结果记入表 1-2-2 中。

表 1-2-2 测试数据记录

U_s/V	−5	5	−10	10	−15	15
I/mA						
白炽灯(R)明暗排序						

（3）总结流过白炽灯上的电流 I 与白炽灯明暗的关系、R_s 阻值大小与电流 I 的关系。

1.3　电压及其测量

1.3.1　电压

为衡量电路元器件吸收或发出电能的情况，在电路分析中引入了电压这一物理量。电场力将单位正电荷从电路中 a 点移至 b 点所做的功称 a、b 两点之间的电压，有时也称为电位差，用 u_{ab} 或 $u(t)$ 表示。其数学表达式为

$$u(t) = \frac{\mathrm{d}w(t)}{\mathrm{d}q(t)} \tag{1-3-1}$$

式中，电场力移动电荷为 $\mathrm{d}q(t)$，所做的功为 $\mathrm{d}w(t)$。

电压总是与电路中的两点相联系，如果电压的大小及方向都不随着时间变化，则称之为恒定电压，简称直流电压，常用大写字母 U 表示。如果电压的大小或方向随时间变化，则称之为变动电压。有一种变动电压，其大小及方向均随时间按正弦规律作周期性变化，称之为正弦交流电压，简称交流电压。交流电压的瞬时值必须用小写字母 u 或 $u(t)$ 表示。

在法定计量单位中，电压的单位是伏特（V）。有时也用千伏（kV）、毫伏（mV）、微伏（μV）作单位，其换算关系为：$1\mathrm{kV} = 10^3\mathrm{V}$，$1\mathrm{V} = 10^3\mathrm{mV} = 10^6\mu\mathrm{V}$。

1.3.2　电压的参考方向

如果正电荷由 a 点移动到 b 点失去能量，则 a 点标以"+"，极性为正，称为高电位；

b 点标以"–"，极性为负，称为低电位。如果正电荷由 a 点移动到 b 点得到能量，则 a 点标以"–"，极性为负，称为低电位；b 点标以"+"，极性为正，称为高电位。

　　在实际电路中，同电流规定参考方向一样，需要对电路两点间电压假设其参考方向。在电路图中，常标以"+""–"号表示电压的正、负参考极性或参考方向。

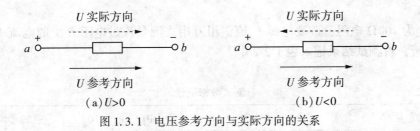

(a)$U>0$　　　　　　　　　　(b)$U<0$

图 1.3.1　电压参考方向与实际方向的关系

　　图 1.3.1(a)所示电路中，a 点标以"+"，极性为正，称为高电位；b 点标以"–"，极性为负，称为低电位。选定了电压参考方向后，若 $U>0$，则表示电压的真实方向与选定的参考方向一致；反之则相反，如图 1.3.1(b)所示。也可用带有双下标的字母表示电压参考方向，如电压 U_{ab}，表示该电压的参考方向为从 a 点指向 b 点。

1.3.3　电压与电流的关联参考方向

　　电路中电流的参考方向和电压的参考方向在选定时都有任意性，二者彼此独立。但是，为了分析电路方便，常把元件上的电流与电压的参考方向取为一致，称为关联参考方向，如图 1.3.2(a)所示；电流和电压的参考方向不一致时称为非关联参考方向，如图 1.3.2(b)所示。一般约定，除电源元件外，其余元件上的电流和电压都采用关联参考方向。

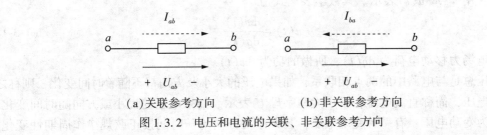

(a)关联参考方向　　　　　　(b)非关联参考方向

图 1.3.2　电压和电流的关联、非关联参考方向

　　注意：图中所标注的参考方向，一经确定，计算过程中不得改变。若依据参考方向计算值为正，则说明实际方向与参考方向相同；为负则说明实际方向与参考方向相反。

1.3.4　技能训练　直流电压的测量

　　电路中测量电压时应选用专用电压表或万用表的电压挡。使用万用表测量电压时，黑表笔插入"COM"口，红表笔插入标志电压单位的接口，如图1.3.3所示万用表为"V"口，并将万用表挡位置于电压挡。

理想电压表的内阻无穷大，但实际电压表的内阻是有限值。根据电表内阻的不同其精度也各不相同，精度越高的电压表，其内阻值越大。

在测量电路中某两点间的电压时，电压表必须与被测电路相并联，如图1.3.4所示。如果使用中误将电压表与被测电路相串联，则由于其高内阻而使电路不会工作。此外，测量直流电压时，如果使用指针式电压表，一定要注意直流电压表极性的正确连接，即黑表笔接"−"极、红表笔接"+"极。测量交流电压时无极性选择要求。如果采用数字式电压表，当红表笔接"+"极、黑表笔接"−"极时，显示屏显示正值；反之，则显示屏显示负值。

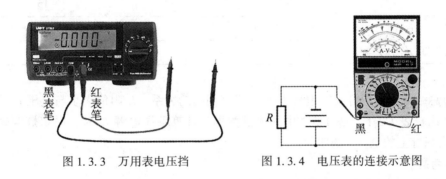

图1.3.3 万用表电压挡　　　　　图1.3.4 电压表的连接示意图

1. 测试电路

按图1.3.5所示连接测试电路，其中：电源U_s电压为15V，R_s为1000Ω电阻，R为白炽灯，V是电压表。

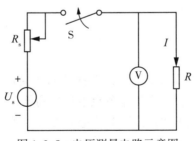

图1.3.5 电压测量电路示意图

2. 测试内容

(1)闭合开关S，用万用表测量白炽灯R两端的电压U，观察白炽灯的明暗，将测试结果记入表1-3-1中。

表 1-3-1　　　　　　　　　　　　　测试数据记录

R_s阻值/Ω	51	100	510	1k	2.4k
U/V					
白炽灯(R)明暗排序					

（2）R_s 为 100Ω 电阻，改变电源 U_s 值，用万用表测量电阻 R 上的电压 U，观察白炽灯的明暗，将测试结果记入表 1-3-2 中。

表 1-3-2　　　　　　　　　　　　　测试数据记录

U_s/V	−5	5	−10	10	−15	15
U/V						
白炽灯(R)明暗排序						

（3）总结流过白炽灯上的电压 U 与白炽灯明暗的关系、R_s 阻值大小与电压 U 的关系。

（4）比较表 1-3-1 与表 1-3-2 中的测试数据，计算不同电源 U_s 时，白炽灯两端电压 U 与流过白炽灯上的电流 I 的比值。

【思考题】

（1）电源的极性影响白炽灯电压的极性吗？

（2）电源的极性影响白炽灯的明暗程度吗？

1.4　电位及其测量

1.4.1　电位

唐古拉山主峰格拉丹冬峰海拔 6621m，珠穆朗玛峰高达 8844.43m……这些山峰的高度通常是以海平面高度作为参照。电路中各点电位的高低，同样也要涉及电路参考点，电路参考点是电路中各点电位的参照标准，只有电路参考点确定了，电路中各点的电位才是唯一和确定的。电位用符号 v 表示。在直流电路中，电位常用符号 V 表示。

将单位正电荷从某一点 a 沿任意路径移动到参考点，电场力做功的大小称为 a 点的电位，记为 v_a。所以，为了求出各点的电位，必须选定电路中的某一点作为参考点，并规定参考点的电位为零，则电路中的任一点与参考点之间的电位差（即电压）就是该点的电位，单位与电压相同，也是伏特。

电力系统中，常选大地为参考点；在电工电子技术中，则常选与机壳相连的公共线为参考点。线路图中都用符号"⊥"表示，简称"接地"。

在同一电路系统中，只能选择一个电位参考点。电位概念的引入，可以简化电路。例如，图 1.4.1(a)所示的电路，可简化成如图 1.4.1(b)所示。在电路中，常使用这种习惯画法，即不再画出电源，而改用电位标识。

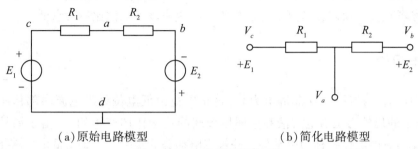

(a)原始电路模型　　　　　　　　　　　　(b)简化电路模型

图 1.4.1　电路模型简化画法

在电气设备的检修中，经常要测试各点的电位，看是否满足设计要求。计算电位的方法和步骤如下：

(1)选择一个零电位参考点。

(2)标出电源相对参考点的极性和电流方向。

(3)选定一条从该点到零电位点的路径，求两点之间的电压，即为该点电位。

注意：电源选择非关联参考方向，其他选择关联参考方向；电位与路径无关，若路径有多条，则选择最简单易算的那一条。

【例 1-4-1】如图 1.4.2(a)所示，已知 $U_{ab} = 1.5\text{V}$，$U_{bc} = 1.5\text{V}$。(1)以 a 点为参考点，求各节点的电位；(2)以 b 点为参考点，求各节点的电位。

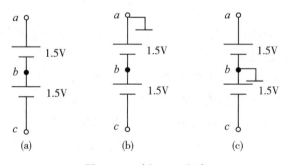

(a)　　　　　　(b)　　　　　　(c)

图 1.4.2　例 1-4-1 电路

解：(1)以 a 点为参考点，如图 1.4.2(b)所示，$V_a = 0(\text{V})$

$$V_b = U_{ba} = -1.5(\text{V})$$

$$V_c = U_{ca} = -1.5 - 1.5 = -3(\text{V})$$

$$U_{ac} = V_a - V_c = 0 - (-3) = 3(\text{V})$$

(2)以 b 点为参考点，如图 1.4.2(c)所示，$V_b = 0(\text{V})$

$$V_a = U_{ab} = 1.5(\text{V})$$

$$V_c = U_{cb} = -U_{bc} = -1.5(\text{V})$$

$$U_{ac} = V_a - V_c = 1.5 - (-1.5) = 3(\text{V})$$

可见,当选定的参考点不同时,同一点的电位是不同的,但两点间的电压唯一,与参考点、路径的选择无关。显然,电路中只可以有一个参考点。若某点电位为正,则说明该点电位比参考点高;反之,若某点电位为负,则说明该点电位比参考点低。

1.4.2　电动势

电源内部有一种局外力(非静电力),将正电荷由低电位处沿电源内部移向高电位处(例如电池中的局外力是由电解液和金属极板间的化学作用产生的)。由于局外力而使电源内部两端具有的电位差称为电动势,并规定电动势的实际方向是由低电位端指向高电位端。把电位高的一端称为正极,电位低的一端称为负极,则电动势的实际方向规定在电源内部从负极到正极,如图 1.4.3(a) 所示。因此,在电动势的方向上电位是逐渐升高的。

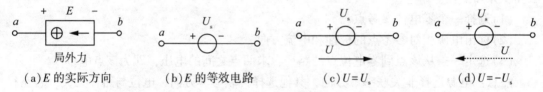

(a) E 的实际方向　　　　(b) E 的等效电路　　　　(c) $U = U_s$　　　　(d) $U = -U_s$

图 1.4.3　电动势(恒压源)的符号及不同电压参考方向

电动势在数值上等于局外力把单位正电荷从电源负极板搬运到正极板所做的功。即

$$e(t) = \frac{\mathrm{d}w(t)}{\mathrm{d}q(t)} \tag{1-4-1}$$

对于变化的电动势用小写字母 $e(t)$ 或 e 表示,恒定电动势常用大写字母 E 表示。电动势的单位与电压相同,也是伏特(V)。

由于电动势 E 两端的电压值为恒定值,且不论电流的大小和方向如何,其电位差总是不变,故用一恒压源 U_s 的电路模型代替电动势 E,如图 1.4.3(b) 所示。在分析电路时,电路中电压参考方向不同,其数值也不同。当选取的电压参考方向与恒压源的极性一致时,$U = U_s$,如图 1.4.3(c) 所示;相反时,$U = -U_s$,如图 1.4.3(d) 所示,且与电路中的电流无关。

1.4.3　技能训练　电位的测量

测量电路中某点电位时应用电压表或万用表的伏特挡。

测量时,选择合适的量程,让黑表笔与参考点(电路中的公共连接点)相接触,红表笔与待测电位点相接触,此时电表指示值即为待测点的电位值。

电位测量在检测电路和查找电路故障时广泛应用。

1. 测试电路

按图 1.4.4 所示连接电路，其中：$R_1 = 24\Omega$，$R_2 = 51\Omega$，$R_3 = 100\Omega$。

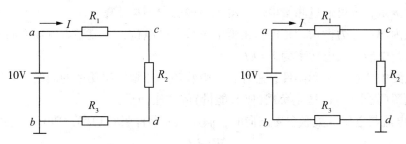

图 1.4.4　电位测量实验电路图

2. 测试内容

试分别测量图 1.4.4(a) 和图 1.4.4(b) 中 a、b、c、d 各点的电位 V_a、V_b、V_c、V_d 和 a、d 两点之间的电压，并将测试值与理论计算值进行比较，分析产生误差的原因，测试值记入表 1-4-1 中。

表 1-4-1　测试数据记录

		V_a(V)	V_b(V)	V_c(V)	V_d(V)	U_{ad}(V)
b 为参考电位点	测试值					
	理论计算值					
d 为参考电位点	测试值					
	理论计算值					

1.5　电功率、电能及其测量

1.5.1　电功率

把单位时间内电场力所做的功称为电功率，记为 $p(t)$，电功率是描述电场力做功速率的一个物理量。如果在时间 $\mathrm{d}t$ 内，电场力将 $\mathrm{d}q(t)$ 的正电荷从一点移动到另一点所做的功为 $\mathrm{d}w(t)$，则

$$p(t) = \frac{\mathrm{d}w(t)}{\mathrm{d}(t)} = \frac{\mathrm{d}w(t)}{\mathrm{d}q(t)} \frac{\mathrm{d}q(t)}{\mathrm{d}(t)} = u(t)i(t) \tag{1-5-1}$$

对于直流电路，将电功率记为 P，则 $P=UI$。

在法定计量单位中，功率的单位是瓦特（W），也常用千瓦（kW）、毫瓦（mW）。一般采用功率表测量，也可通过测量电压、电流后根据 $P=UI$ 计算。

在电源内部，外力做功，正电荷由低电位移向高电位，电流逆着电场方向流动，将其他能量转变为电能，其电功率为 $P=EI$。

对于电路中任意一个元器件，总存在着吸收功率还是发出功率的问题。判断某一元器件是属于电源（发出能量）还是负载（吸收能量）的方法如下：

（1）当电流与电压取关联参考方向时，假定该元器件吸收功率，功率表达式为

$$P=UI \tag{1-5-2}$$

（2）当电流与电压取非关联参考方向时，假定该元器件吸收功率，功率表达式为

$$P=-UI \tag{1-5-3}$$

若计算的 $P>0$，则表明该元件吸收功率，是负载（或起到负载作用）；若 $P<0$，则表明该元件提供功率，是电源（或起到电源作用）。在电路中，吸收功率等于产生功率，即电源供给的能量等于负载消耗与内部损耗之和，满足功率平衡。

【例 1-5-1】计算如图 1.5.1 所示的各元器件的功率，并指出是提供功率还是吸收功率。

解：图 1.5.1（a）：电压与电流为关联参考方向，由 $P=UI$，得

$$P_A = 2 \times 2 = 4(\mathrm{W}), \quad P>0, \quad \text{吸收功率}$$

图 1.5.1（b）：电压与电流为关联参考方向，由 $P=UI$，得

$$P_B = -(3 \times 2) = -6(\mathrm{W}), \quad P<0, \quad \text{提供功率}$$

图 1.5.1（c）：电压与电流为非关联参考方向，由 $P=-UI$，得

$$P_C = -[(-3) \times 2] = 6(\mathrm{W}), \quad P>0, \quad \text{吸收功率}$$

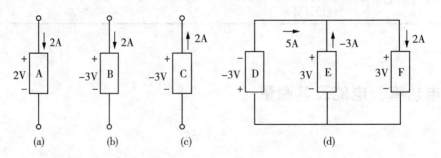

图 1.5.1　例 1-5-1 电路图

图 1.5.1（d）：D 元件电压与电流为关联参考方向，由 $P=UI$，得

$$P_D = -3 \times 5 = -15(\mathrm{W}), \quad P<0, \quad \text{提供功率}$$

E 元件电压与电流为非关联参考方向，由 $P=-UI$，得

$$P_E = -[3 \times (-3)] = 9(W), \quad P > 0, \text{吸收功率}$$

F 元件电压与电流为关联参考方向，由 $P = UI$，得

$$P_F = 3 \times 2 = 6(W), \quad P > 0, \text{吸收功率}$$

1.5.2　电能

在电流通过电路的同时，电路中发生了能量的转换。在电源内非电能转换成电能，在外电路电能转换成为其他形式的能。在一段时间 dt 内，电场力移动正电荷所做的功 dw 称为电场能，简称为电能，它与电功率的关系为 $dw = p(t)dt$。如果 p 不随时间变化，即为常值，$p(t) = P$，则 $W = Pt$。

从非电能转换来的电能等于恒压源电动势和被移动的电荷量 Q 的乘积，即

$$W_E = EQ = EIt \tag{1-5-4}$$

此电能可分为两部分：其一是外电路取用的电能（即电源输出的电能）W_L；其二是因电源内部正电荷受局外力作用在移动过程中存在阻力而消耗的电能，即电源内部消耗电能 W_I。即

$$W_I = W_E - W_L = (E - U)It \tag{1-5-5}$$

电能的法定计量单位是焦耳(J)，常用单位是千瓦时(kW·h)或度，1 度 = 1kW·h。

把电能表接在电路中，电能表上的计数器就能将电流做的功记录下来。用电一段时间，只要将前、后两次计数器上的读数之差算出，就可知道这段时间所用电的度数。图 1.5.2 所示为常用的电能表。

(a)机械式单相电能表　　　　　(b)电子式单相电能表

图 1.5.2　常用的电能表

【例 1-5-2】一个电热器所用的电压是 220V，电流是 0.23A，通电 5 小时，电流做了多少焦耳的功？合多少度电？

解：$W = UIt = 220 \times 0.23 \times 5 \times 60 \times 60 = 910800(J)$

$$= 220 \times 0.23 \times 5 \times 10^{-3} = 0.253(kW·h) = 0.253(度)$$

1.5.3 技能训练 电功率的测量

1. 测试电路

按图1.5.3所示连接测试电路，其中，电源 U_s 电压为15V，电阻 R_s 为1000Ω，R 为白炽灯。

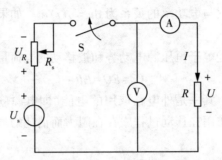

图1.5.3 电功率测量电路示意图

2. 测试内容

闭合开关S，用直流电压表测量白炽灯 R 两端的电压 U、电压源的电压 U_s、电阻 R_s 的电压 U_{R_s}、流过白炽灯 R 上的电流 I，计算各元件吸收的电功率 P，测试结果记入表1-5-1中。

表1-5-1　　　　　　　　　　　　测试数据记录

$R_s(\Omega)$	51	100	510	1k	2.4k
$U_s(V)$					
$U_{R_s}(V)$					
$U(V)$					
$I(mA)$					
$P(mW)$					
$P_{R_s}(mW)$					
$P_{U_s}(mW)$					

1.6 电阻元件及欧姆定律

1.6.1 电阻元件

在电路中,用电阻来表示导体对电流阻碍作用的大小,电阻越大,则表示导体对电流的阻碍作用越大,电阻元件是一种耗能元件。电阻是导体的固有特性,与材料和结构等有关,不同的导体,其电阻特性差别较大。

导体的电阻通常用字母 R 或 r 来表示,电阻的单位是欧姆(Ω),计量大电阻时用千欧姆($k\Omega$)、兆欧姆($M\Omega$),它们之间的关系为:$1M\Omega = 10^3 k\Omega = 10^6 \Omega$。电阻的倒数称为电导,它是表征元件导电能力强弱的电路参数,用符号 G 表示,即 $G = 1/R$,它的单位为西门子(S)。

在电路分析中,常用元件上的电压 u 与电流 i 的函数关系(VCR)来描述元件的特性,我们把这一关系称为元件的伏安特性或伏安关系(VAR)。

1. 线性电阻元件

在温度一定的条件下,把加在电阻两端的电压与通过电阻的电流之间的关系称为电阻的伏安特性。一般金属电阻的阻值不随所加电压和通过的电流而改变,即在一定的温度下其阻值是常数,这种电阻的伏安特性是一条经过原点的直线,如图 1.6.1(用 R 表示)和图 1.6.2(用 G 表示)所示。这种电阻称为线性电阻。图 1.6.1 直线的斜率就等于电阻值,图 1.6.2 中直线的斜率等于电导值。

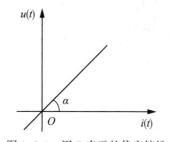
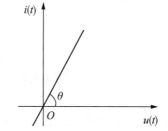

图 1.6.1 用 R 表示的伏安特性　　　　图 1.6.2 用 G 表示的伏安特性

2. 非线性电阻元件

在实际当中,有一些电阻元件的伏安关系不是线性关系,如图 1.6.3 所示二极管的伏安特性曲线就是非线性的,其电压与电流的比值是变化的,这种元件的电阻值是电压或电流的函数,称为非线性电阻。半导体三极管的输入、输出电阻也都是非线性的。

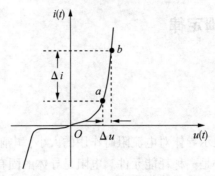

图 1.6.3 二极管的伏安特性

1.6.2 欧姆定律

对于任何元件，加在元件上的电压和流过元件的电流存在一定的函数关系。欧姆定律反映了线性电阻元件上电压和电流的约束关系，对于非线性电阻的电路，欧姆定律不再适用。欧姆定律指出：流过导体的电流与加在导体两端的电压成正比，与导体的电阻 R 成反比。图 1.6.4 是欧姆定律的典型电路（u 和 i 为关联方向），电压和电流的关系为

$$u(t) = Ri(t) \tag{1-6-1}$$

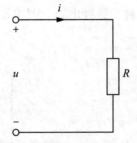

图 1.6.4 欧姆定律的典型电路

式（1-6-1）为欧姆定律的表达式。电阻的功率表示为

$$p = u(t) \cdot i(t) = R \cdot i^2(t) = \frac{u^2(t)}{R} \tag{1-6-2}$$

若 u 和 i 为非关联方向，则欧姆定律表示为

$$u(t) = -Ri(t) \tag{1-6-3}$$

电阻的功率表示为

$$p = -u(t) \cdot i(t) = -\left[-Ri(t) \right] \cdot i(t) = R \cdot i^2(t) = \frac{u^2(t)}{R} \tag{1-6-4}$$

对于直流电路，欧姆定律的表示形式为 $U=RI$ 和 $U=-RI$。也可用电导 G 表示欧姆定律，即 $I=GU$ 和 $I=-GU$。由功率的计算公式可知，电阻是无记忆且消耗电能的元件。

【例 1-6-1】 一只标有"220V，40W"的灯泡，试求它在额定工作条件下通过灯泡的电流及灯泡的电阻。若每天使用 5h，则一个月消耗多少度的电能？（一个月按 30 天计算）

解： $R = \dfrac{U^2}{P} = \dfrac{220^2}{40} = 1210(\Omega)$

$W = Pt = 40 \times (5 \times 30) = 6(\mathrm{kW \cdot h})$，即一个月消耗 6 度电能。

1.6.3 技能训练 电阻器的识别与检测

1. 电阻器的识别

1）识别色带标注电阻

根据《电阻器和电容器的标志代码》（GB/T 2691—2016）规定，用不同颜色的色带，按照规定的排列顺序在电阻上标注来表示固定电阻器的标称阻值及允许偏差。电阻阻值和允许误差的色带标注见表 1-6-1。

表 1-6-1 电阻阻值和允许误差的色带标注

颜色	黑	棕	红	橙	黄	绿	蓝	紫	灰	白	金	银	无色
数字	0	1	2	3	4	5	6	7	8	9			
倍率	1	10	10^2	10^3	10^4	10^5	10^6	10^7	10^8	10^9	0.1	0.01	
允许误差		±1%	±2%	±0.05%		±0.5%	±0.25%	±0.1%			±5%	±10%	±20
温度系数 10^{-6}/K	±250	±100	±50	±15	±25	±20	±10	±5	±1				

用两位和三位有效数字表示电阻器的阻值，第一色带应靠近电阻器的一端，各个色带的位置和间隔应使其在读代码时不致出现混乱。温度系数的色带仅与三位有效数字配合使用，且位于最后。如图 1.6.5 所示常用电阻色带标注法，其中图(a)四色标注法阻值为两位有效数字，图(b)五色标注法阻值为三位有效数字。

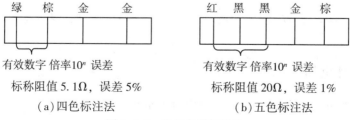

图 1.6.5 电阻色带标注法

2)识别代码标注电阻

电阻的阻值代码常用字母 R、K、M、G 和 T 分别代表以欧姆为单位的阻值的倍数 1、10^3、10^6、10^9 和 10^{12}。如 0.25Ω 代码为 R25、1Ω 代码为 1R0 或 1R00、10Ω 代码为 10R 或 10R0、59.04Ω 代码为 59R04、$1.5k\Omega$ 代码为 1K5、$3.32M\Omega$ 代码为 3M32 等。有时代码也会仅以数字形式出现，比如 10Ω 代码为 100、100Ω 代码为 101 或 1000、$1k\Omega$ 代码为 102 或 1001、$1.5k\Omega$ 代码为 154 或 1501、$10k\Omega$ 代码为 103 或 1002 等。

电阻的温度系数字母代码如表 1-6-2 所示，对于未规定字母代码的温度系数，用字母 Z 表示，需在其他说明文件中加以识别。

表 1-6-2　　　　　　　　　　　　　　　电阻阻值的温度系数代码

代码	Y	X	W	V	U	T	S	R	Q
温度系数 10^{-6}/K	±2500	±1500	±1000	±500	±250	±150	±100	±50	±25
代码	P	N	M	L	K	J	H	G	Z
温度系数 10^{-6}/K	±15	±10	±5	±2	±1	±0.5	±0.2	±0.1	*

2. 测量电阻

使用万用表测量电阻时，黑表笔插入"COM"口，红表笔插入标志电阻单位的接口，如图 1.6.6 所示万用表为"Ω"口，并将万用表挡位置于欧姆挡。在测量电阻时，万用表与被测电阻相并联，表笔不分"+"、"−"，各接电阻的一端，如图 1.6.7 所示。需要注意的是：①使用指针式万用表或欧姆表测量电阻时，应选择适当的倍率，使指针指示在中值附近，最好不使用刻度左边 1/3 的部分，这部分刻度密集，读数误差较大；②欧姆挡不能带电测量；③被测电阻不能有并联的其他元器件，以保证测量的准确性。

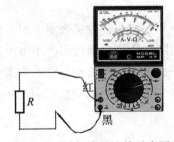

图 1.6.6　万用表欧姆挡　　　　图 1.6.7　欧姆表的连接示意图

3. 测定线性电阻器的伏安特性

按图 1.6.8 所示电路连线，调节稳压电源的输出电压 $U = 12V$。

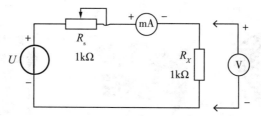

图 1.6.8　线性电阻器伏安特性测试电路

改变电位器 R_s 的阻值，从 0Ω 开始缓慢地增加，一直到 R_s 的阻值达最大，测出电阻器 R_X 上相应的电压 U_R 和电流 I，测试数据记入表 1-6-3 中。

表 1-6-3　　　　　　　　　　测定线性电阻器的伏安特性数据

$U_R(\text{V})$						
$I(\text{mA})$						
$R_X(\Omega)$						

4. 测定非线性白炽灯泡的伏安特性

将图 1.6.8 中的 R_X 换成一只 12V、0.1A 的灯泡，重复步骤 3，测试数据记入表 1-6-4 中(其中 U_L 为灯泡的端电压)。

表 1-6-4　　　　　　　　　　测定非线性电阻器的伏安特性数据

$U_L(\text{V})$	0	2	4	6	8	10	12
$I(\text{mA})$							
$R_X(\Omega)$							

5. 测定二极管的伏安特性

将图 1.6.8 中的 R_X 换成二极管，参考技能训练内容 3、4 自拟测试表格。

6. 整理、分析、总结技能训练相关测试数据。

1.7　独立电源

干电池、蓄电池以及各种发电机等，如图 1.7.1 所示，它们通常在电路中为负载提供

(a)干电池   (b)蓄电池   (c)太阳能发电机

(d)风力发电机   (e)水力发电机

图 1.7.1   独立电源

电能,属于电源。同时,由于参数(如电动势、内阻等)是由自身决定的,与外电路无关,故又称为独立电源(简称独立源)。通常所说的电源特指此类独立电源。根据输出量(电压、电流)和稳定性特点,电源又分为电压源和电流源两类。

1.7.1   电压源

输出电压不受外电路影响,只依照自己固有的随时间变化的规律而变化的电源,称为理想电压源,简称电压源。理想电压源的符号如图 1.7.2 所示,"+"、"−"号表示电压的参考极性。

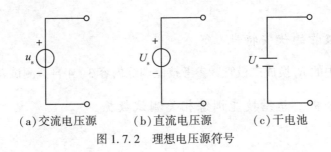

(a)交流电压源   (b)直流电压源   (c)干电池

图 1.7.2   理想电压源符号

1. 理想电压源的基本特点

理想电压源有两个基本特点:

（1）电源两端电压由电源本身的电压决定，与外电路无关；与流经它的电流方向、大小无关。即使电流为零，其两端仍有电压 U_s 或 u_s。

（2）通过电压源的电流由电源及外电路共同决定。电流可以以不同的方向流过电压源，因而电压源既可以对外电路提供能量，也可以从外电路接受能量，视电流的方向而定。

2. 理想电压源的伏安特性

理想电压源端钮的伏安关系（VAR）为：

$$u = u_s \qquad\qquad (1\text{-}7\text{-}1)$$

理想电压源的伏安特性曲线如图 1.7.3 所示。

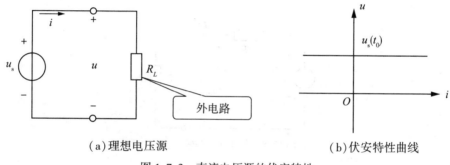

(a) 理想电压源　　　　　　　(b) 伏安特性曲线

图 1.7.3　直流电压源的伏安特性

（1）若 $u_s = U_s$，即直流电压源，则其伏安特性为平行于电流轴的直线，反映电压与电源中的电流无关。

（2）若 u_s 为变化的电压源，则某一时刻的伏安特性曲线是平行于电流轴的直线。电压为零的电压源，伏安特性曲线与 i 轴重合。

3. 实际电压源

理想电压源实际上是不存在的。实际的电压源，其端电压都是随着电流的变化而变化的。例如，当电池接通负载后，其电压就会降低，而且电流越大，电源两端电压下降越多，这是电池内部存在电阻的缘故。如图 1.7.4（a）所示，u_s 表示实际电压源端钮不接负载时的电压，也称开路电压。R_s 表示实际电压源的内阻。当 ab 端与外电路连接产生电流 i 时，ab 端的电压为 u，则有实际电压源的伏安关系（VAR）：

$$u = u_s - R_s i \qquad\qquad (1\text{-}7\text{-}2)$$

根据实际的伏安关系，我们可以用一个理想的电压源和一个内阻串联的模型来表示，如图 1.7.4（b）所示。当 $R_s = 0$ 时，实际电压源即为理想电压源。

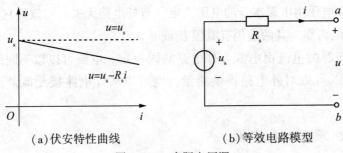

（a）伏安特性曲线　　　　　（b）等效电路模型

图 1.7.4　实际电压源

【例 1-7-1】 已知某电压源的开路电压为 20V，外接可变电阻 R。当 $R=4\Omega$ 时，其电压为 16V，求电压源的内阻 R_s。

解： 用实际电压源的等效模型表征该电压源，电路如图 1.7.5 所示。

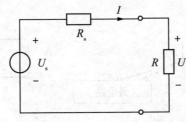

图 1.7.5　例 1-7-1 等效电路图

由分压公式

$$U = \frac{R}{R + R_s} U_s$$

可知

$$R_s = \left(\frac{U_s}{U} - 1 \right) R = \left(\frac{20}{16} - 1 \right) \times 4 = 1 (\Omega)$$

1.7.2　电流源

输出电流不受外电路影响，只依照自己固有的随时间变化的规律而变化的电源，称为理想电流源，简称电流源。理想电流源的符号如图 1.7.6 所示。

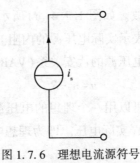

图 1.7.6　理想电流源符号

1. 理想电流源的基本特点

理想电流源有两个基本特点：

(1)输出电流由电源本身决定，与外电路无关；与它的两端电压的方向、极性无关。

(2)电流源两端的电压由电源及外电路共同决定。电压可以为不同的极性，因而电流源既可以对外电路提供能量，也可以从外电路接受能量，视电压的极性而定。

2. 理想电流源的伏安特性

理想电流源端钮的伏安关系(VAR)为：

$$i = i_s \qquad\qquad (1\text{-}7\text{-}3)$$

理想电流源的伏安特性曲线如图 1.7.7 所示。

(1)若 $i_s = I_s$，即直流电流源，则其伏安特性为平行于电压轴的直线，反映电流与端电压无关。

(2)若 i_s 为变化的电流源，则某一时刻的伏安特性曲线是平行于电压轴的直线。电流为零的电流源，伏安特性曲线与 u 轴重合。

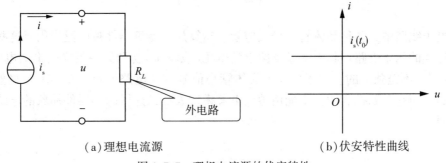

(a)理想电流源　　　　　　　　(b)伏安特性曲线

图 1.7.7　理想电流源的伏安特性

3. 实际电流源

理想电流源实际上也是不存在的。实际的电流源内部也有能量消耗，可以用一个理想电流源和一个电阻并联的模型来表示。如图 1.7.8(a)所示，i_s 表示实际电流源 ab 端短路时的电流，也称短路电流。R_s 表示实际电流源的内阻。当 ab 端与外电路连接产生电流 i 时，ab 端的电压为 u，则有实际电流源的伏安关系(VAR)：

$$i = i_s - \frac{u}{R_s} \qquad\qquad (1\text{-}7\text{-}4)$$

实际电流源的伏安关系，如图 1.7.8(b)所示，它是一条随电压增加而电流下降的直线。R_s 越大，分流作用越小，输出的电流越接近电流源电流 i_s。当 $R_s = \infty$ 时，实际电流源即为理想电流源。

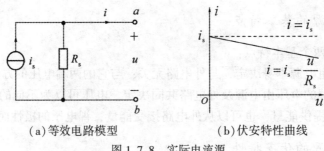

（a）等效电路模型　　　　　（b）伏安特性曲线

图1.7.8　实际电流源

1.7.3　技能训练　实际电源测量

（1）测量实验箱上+5V电源，写出其伏安关系。

（2）测量直流稳压电源输出5V电源，写出其伏安关系。

1.8　受控源

在电子线路中，各种晶体管、场效应管、运算放大器等器件被广泛应用。这些器件中都含有这样的两条支路：其中一条支路上的电压（或电流）受到另一条支路上的电压（或电流）的控制，不是独立的。如图1.8.1晶体管小信号放大电路所示，$I_C = \beta I_B$。显然，I_C不是独立的，而是受I_B控制的，不能用独立电源模型表征，这样的元器件抽象的电路模型称为受控源。

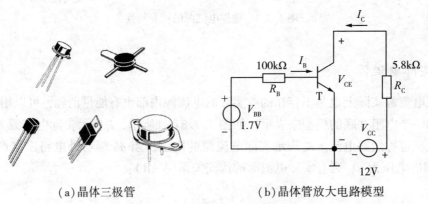

（a）晶体三极管　　　　　　（b）晶体管放大电路模型

图1.8.1　晶体管小信号放大电路

电阻元件、独立电源均有两个端钮，称为二端元件或单口元件。而受控源有两对端钮，也就是四个端钮，称为四端元件或双口元件。一个端口为控制端，是施加控制量的端口；另一个端口称为受控端，受控量受控制量的约束。控制量如果是电压则用开路表征，如果是电流则用短路表征；受控量用菱形符号表示，以便与独立电源符号相区别。按照控制量和受控量是电压还是电流的不同组合，受控源可分为四种，电路模型如图1.8.2所示。按图1.8.2(a)至(d)顺序依次为：(电)压控(制)电压源(VCVS)、(电)流控(制)电压源(CCVS)、(电)压控(制)电流源(VCCS)和(电)流控(制)电流源(CCCS)。

受控源和独立源在电路中的作用是不同的。当受控源的控制量不存在(为零)时，受控源的受控量也就为零，它不能在电路中单独起作用；它只是用来反映电路中某条支路的电压或电流可以控制另一条支路的电压或电流这一物理现象。

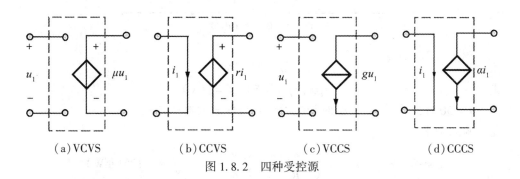

图1.8.2 四种受控源

受控源是一种双口电阻元件，与单口电阻元件不同，双口电阻元件需要两个方程定义，

$$控制端口方程(VAR)：f_1(u_1, u_2, i_1, i_2) = 0 \tag{1-8-1}$$
$$受控端口方程(VAR)：f_2(u_1, u_2, i_1, i_2) = 0 \tag{1-8-2}$$

图1.8.2所示的四种受控源的伏安关系(VAR)为：

VCVS：$f_1(u_1, u_2, i_1, i_2) = i_1 = 0$，$f_2(u_1, u_2, i_1, i_2) = u_2 - \mu u_1 = 0$ 或 $u_2 = \mu u_1$

$$\tag{1-8-3}$$

CCVS：$f_1(u_1, u_2, i_1, i_2) = u_1 = 0$，$f_2(u_1, u_2, i_1, i_2) = u_2 - r i_1 = 0$ 或 $u_2 = r i_1$

$$\tag{1-8-4}$$

VCCS：$f_1(u_1, u_2, i_1, i_2) = i_1 = 0$，$f_2(u_1, u_2, i_1, i_2) = i_2 - g u_1 = 0$ 或 $i_2 = g u_1$

$$\tag{1-8-5}$$

CCCS：$f_1(u_1, u_2, i_1, i_2) = u_1 = 0$，$f_2(u_1, u_2, i_1, i_2) = i_2 - \alpha i_1 = 0$ 或 $i_2 = \alpha i_1$

$$\tag{1-8-6}$$

其中，μ 称为转移电压比，r 称为转移电阻，g 称为转移电导，α 称为转移电流比。

采用关联参考方向时，受控源吸收的功率为

$$p(t) = u_1(t)i_1(t) + u_2(t)i_2(t)$$

由受控源方程可知，控制支路不是开路($i_1 = 0$)便是短路($u_1 = 0$)。所以，对所有四种受控源，其功率均可由受控支路来计算：

$$p(t) = u_2(t)i_2(t) \tag{1-8-7}$$

【例1-8-1】VCVS连接于信号电压源 $u_s = 20\text{mV}$ 与负载 $R_L = 8\Omega$ 之间，如图1.8.3所示，$R_s = 10\Omega$ 是电压源的内阻，转移电压比 $\mu = 50$。试求负载电压 u_o，并求受控源的功率。

解：求解含受控源的电路时，应先求出控制量，然后将受控源与独立源一样看待。

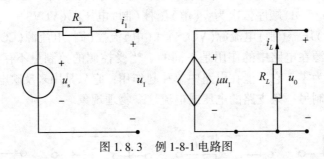

图 1.8.3 例 1-8-1 电路图

由 $i_1 = 0$，得 $\qquad\qquad\qquad u_1 = u_s = 20(\text{mV})$

则 $\qquad\qquad\qquad u_o = \mu u_1 = \mu u_s = 50 \times 20 = 1(\text{V})$

由于 $\mu = 50 > 1$，故 $u_o > u_s$，此时受控源起着线性放大器的作用。

受控源的功率

$$p = \mu u_1 \times i_L = \mu u_1 \times \left(-\frac{u_o}{R_L}\right) = -\frac{(\mu u_1)^2}{R_L} = -\frac{1^2}{8} = -125(\text{mW})$$

其功率值为负，也就是说受控源向外提供功率，显然，这里负载 R_L 消耗的功率就是由受控源提供的。在这种情况下，受控源可以看成一种负阻元件，也称有源元件。这主要是由于受控源往往是某一器件在外加电源条件下的模型，虽然在模型中并不表明该电源，但受控源向其外电路提供的功率是来自该电源的。

1.9 电气设备的额定值和电路的工作状态

1.9.1 电气设备的额定值

电气设备的额定值是根据设计、材料及制造工艺等因素，由制造厂家给出的设备各项性能指标和技术数据，常用下标 N 表示。例如，额定电压表示为 U_N，额定电流表示为 I_N，额定功率表示为 P_N。按照额定值使用电气设备时，安全可靠且经济合理。

电气设备的额定电功率，是指用电器加额定电压时产生或吸收的电功率。电气设备的实际功率指用电器在实际电压下产生或吸收的电功率。铭牌数据上电气设备的额定电压和额定电流，均为电气设备长期、安全运行时的最高限值。

任何一种电气设备和元件都有各自的额定电压和额定电流，对电阻性负载而言，其额定电流和额定电压的乘积就等于它的额定功率。例如，额定值为"220V、40W"的白炽灯，表示此灯两端加 220V 电压时，其电功率为 40W；若灯两端实际电压为 110V，则此灯上消耗的实际功率只有 10W。

一般情况下，当实际电压等于额定电压时，实际功率才等于额定功率。额定功率下用电器的工作情况称为正常工作状态；当用电器上加的实际电压小于额定电压时，用电器上的实际功率小于额定功率，此时用电器不能完全发挥其正常使用效能，通常称为非正常工作状态；当用电器上加的实际电压大于额定电压时，实际功率将大于额定功率，用电器不但不能正常工作，而且还可能因过热而被烧坏，这种工作状态称为电器使用的禁止态。

因此，只有当用电器两端的实际电压等于或稍小于它的额定电压时，用电器才能安全使用。

1.9.2　电路的三种工作状态

电路的工作状态有三种：通路、开路和短路，如图 1.9.1 所示。

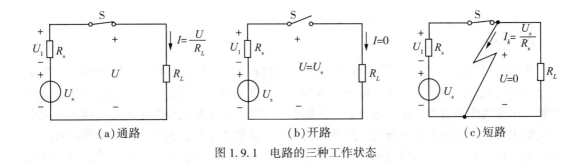

图 1.9.1　电路的三种工作状态

1. 通路

图 1.9.1(a)中，电源与负载通过中间环节连接成闭合通路后，电路中的电流和电压分别为

$$I = \frac{U_s}{R_s + R_L} \tag{1-9-1}$$

$$U = U_s - IR_s = U_s - U_1 \tag{1-9-2}$$

式中，R_L 为负载电阻，R_s 为电源内阻，通常 R_s 很小。负载两端的电压 U 也是电源的输出电压。

由上式可知，随着电源输出电流 I 的增大，电源内阻 R_s 上压降 $U_1 = IR_s$ 也增大，电源输出端电压 U 随之降低。电源两端电压 U 随输出电流变化的关系曲线称为电源的外特性，由图 1.9.2 所示曲线来描述。一般情况下，我们希望电源具有稳定的输出电压，即希望电源的外特性曲线尽量趋于平直。显然，要使电源输出特性平稳，就要尽量减小电源的内阻 R_s，从而使电源内部的损耗得以限制，以提高电源设备的利用率。因此，实际电压源的内阻都是非常小的。

2. 开路

图 1.9.1(b)所示电路中，开关 S 断开，电源未与负载接通，电源处于开路状态(若元

器件的一根引脚断了可以说成是元器件开路)。开路状态下电路中(或元器件中)无电流通过,即 $I=0$,此时电源端电压 $U=U_s$。

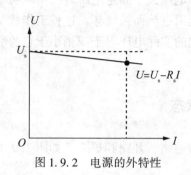

图1.9.2 电源的外特性

3. 短路

短路可以用图1.9.1(c)所示电路来说明。电路中,负载电阻 R_L 的两根引脚被导线接通,称作负载被短路;又因为短路导线两端与电源两端也直接相连,因此也可称为电源被短路。电路发生短路时,根据电流总是走捷径的现象,由于短接线的电阻几乎是零,远小于负载电阻,因此本来应该流过负载的电流不再从负载中通过,而是经短路的导线直接流回电源,由此造成电流的流动回路发生改变。一般情况下,R_L 远大于 R_s,因此短路电流约为

$$I_k = \frac{U_s}{R_s} \gg I_N = \frac{U_s}{R_s + R_L} \tag{1-9-3}$$

4. 理想电压源的开路与短路

(1)开路:$R_L \to \infty$,$i=0$,$u=U_s$。

(2)短路:$R_L=0$,$i \to \infty$,理想电压源出现病态,因此理想电压源不允许短路。实际上,实际电压源的内阻很小,如果短路,也会因过流而损坏,所以实际电压源也不允许短路。

5. 理想电流源的开路与短路

(1)短路:$R=0$,$i=i_s$,$u=0$,电流源被短路。

(2)开路:$R \to \infty$,$i=i_s$,$u \to \infty$。若强迫断开电流源回路,电路模型为病态,理想电流源不允许开路。同实际电压源不能短路一样,实际电流源也不允许开路。

一旦电路发生电源短路事故,短路电流远大于额定工作下的电路电流,将使电源由于过热而被烧毁。因此,实际电路中通常都应设置短路保护环节。

电工电子技术中有时为了达到某种需要,常常要改变一些参数的大小,有时也会将部分电路或某些元件两端予以技术上的短接,这种人为的短接应和短路事故相区别。

【例1-9-1】有一电源设备,额定输出功率为400W,额定电压为110V,电源内阻 R_s 为

1.38Ω，当负载电阻分别为50Ω和10Ω，或发生短路事故时，求 U_s 及各种情况下电源输出的功率。

解：电源向外电路供给的额定电流为

$$I_N = \frac{P_N}{U_N} = \frac{400}{110} \approx 3.64(A)$$

电压源的理想电压值为

$$U_s = U_N + I_N R_s = 110 + 3.64 \times 1.38 \approx 115(V)$$

（1）当负载为50Ω时，

$$I = \frac{U_s}{R_s + R_L} = \frac{115}{1.38 + 50} \approx 2.24(A) < I_N$$

此时电源轻载，电源输出的功率为

$$P_{R_L} = UI = I^2 R_L = 2.24^2 \times 50 = 250.88(W) < P_N$$

（2）当负载为10Ω时，

$$I = \frac{U_s}{R_s + R_L} = \frac{115}{1.38 + 10} \approx 10.11(A) > I_N$$

此时电源过载，应避免！电源输出的功率为

$$P_{R_L} = UI = I^2 R_L = 10.11^2 \times 10 = 1022.12(W) > P_N$$

（3）当电源发生短路时

$$I_k = \frac{U_s}{R_s} = \frac{115}{1.38} \approx 83.33(A) \approx 23 I_N$$

　　如此大的短路电流，如不采取保护措施迅速切断电路，电源及导线等将立即被烧毁。电源短路是非常危险的事故状态，为防止由于短路而引起的后果，线路中应有自动切断短路电流的设备，如熔断器和低压断路器等。生活与生产中最简单的短路保护装置是熔断器，俗称保险丝。保险丝是一种熔点很低（60~70℃）的合金，粗细不同的保险丝，其额定熔断值存在差异。当电流超过额定值时，由于温度升高，保险丝会自动熔断，从而保护电路不被损坏。在实际应用中，必须根据电路中电流的大小，正确选用保险丝。

　　家庭电路要选用合适的保险丝，不能太细也不能太粗，更不能用铜丝或铁丝来代替。我国的标准规定：保险丝的熔断电流是额定电流的2倍。当通过保险丝的电流为额定电流时，保险丝不会熔断；当通过保险丝的电流为额定电流的1.45倍时，熔断的时间不超过5min；当通过保险丝的电流为额定电流的2倍（即等于熔断电流）时，熔断的时间不应超过1min。选择截面较粗的保险丝时，起不到短路保护作用；选择截面过细时，保险丝会在未短路时发生误动作而断开，影响电器正常使用。因此，实际使用中应根据负载情况，合理选择保险丝的额定电流值。

习　　题

1.1　电路一般由哪几部分组成？各部分的作用是什么？

1.2 什么是电路模型？理想电路元件与实际电路器件有什么不同？

1.3 理想电源元件和实际电源器件有什么不同？实际电源器件在哪种情况下的数值可以用一个理想电源来表示？

1.4 电流的法定计量单位是什么？常用的单位有哪些？它们之间的换算关系如何？

1.5 测量电流时，电流表应如何与被测电路连接？量程的选择对测量结果有影响吗？

1.6 电路中若两点电位都很高，是否说明这两点间的电压值一定很大？

1.7 "电压是产生电流的根本原因。因此电路中只要有电压，必须有电流。"这句话对吗？为什么？

1.8 测量电压时，电压表如何与被测电路连接？

1.9 电压等于电路中两点电位的差值。当电路中参考点发生变化时，两点间的电压会随之发生变化吗？为什么？

1.10 参考方向是如何规定的？在电路中电压和电流的实际方向和参考方向有怎样的关系？

1.11 电位的国际单位制是什么？常用的单位都有哪些？它们之间的换算关系如何？

1.12 "接地"是否将导线埋入大地中？实际"接地"应如何解释？

1.13 "电位是相对的量。"对这句话你是如何正确理解的？

1.14 如题1.14图(a)所示，$U_{ab}=-10V$，问哪点电位高？如题1.14图(b)所示，分别指出 U_{ab}、U_{ac}、U_{bc}、U_{ca}、U_{ba} 的值各为多少？如题1.14(c)所示，若以 b 点为零电位参考点，求其他各点的电位值。若以 c 点为零点呢？

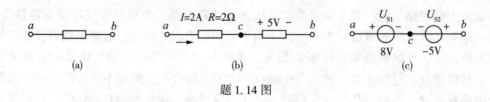

(a)   (b)   (c)

题1.14图

1.15 在题1.15图所示电路中，若选定 C 点为电路参考点，当开关 S 断开和闭合时，判断 A、B、D 各点的电位值。

1.16 电路如题1.16图所示，当开关 S 断开和闭合时，求 a 点的电位 V_a。

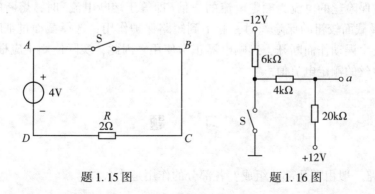

题1.15图   题1.16图

1.17　额定值分别为"110V、40W"和"110V、60W"的两只灯泡,能否将它们串联起来接入 220V 的电源上?为什么?

1.18　一生产车间有"100W、220V"的电烙铁 50 把,每天使用 5h,则一个月(按 30 天计)用电多少度?

1.19　把图 1.9.2 的电源外特性曲线继续延长直至与横轴相交,则交点处电流是多少?此时相当于电源工作在哪种状态?

1.20　在题 1.20 图示电路中,已知电流 $I = 10\text{mA}$,$I_1 = 6\text{mA}$,$R_1 = 3\text{k}\Omega$,$R_2 = 1\text{k}\Omega$,$R_3 = 2\text{k}\Omega$。则电流表 A_4 和 A_5 的读数分别是多少?

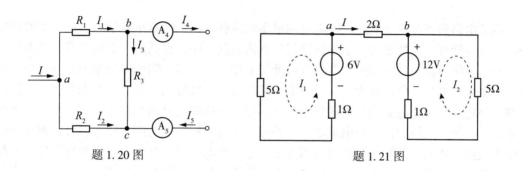

题 1.20 图　　　　　　　　　　　题 1.21 图

1.21　在题 1.21 图示电路中,求流过 6V 电源、12V 电源以及 2Ω 电阻中的电流分别为多少?

1.22　功率表刻度盘上的标尺格数为 75 格,测量功率时选取的量程为 $U = 300\text{V}$、$I = 1\text{A}$。当功率表指示 50 格上时,实测功率是多少?画出功率表的连线图。

第2章　直流电路的基本分析与测试

直流电路和正弦交流电路是实际应用最多的两种电路。本章重点学习直流电路的基本分析方法及计算。这些分析方法不仅适用于直流电路，而且也适用于交流电路，故本章中介绍分析方法时除与功率相关的分析方法外均采用小写字母，例题中均采用大写字母。因此，本章是全书的重要内容之一，必须牢固掌握并会熟练应用。本章将首先介绍基尔霍夫定律，该定律是分析电路最基本的定律，它阐述了与构成电路的元件无关而与元件的连接方式有关的电压之间的约束和电流之间的约束。接着介绍等效电路的概念，分析相对简单的电阻电路的串联、并联和混联等效以及电源串、并联等效。然后介绍两种直接建立方程求解电路的分析方法——支路电流法和节点电压法。最后，还要讨论两个在电路分析中起着重要作用的概念，一是最大功率传输，运用戴维南定理可分析由电源释放到电阻负载的功率为最大值的条件；另一是叠加定理，体现线性电路的根本属性，运用叠加定理分析含有不止一个独立电源的电路往往更加简便。

2.1　基尔霍夫定律与测试

十字路口行驶的车辆经常是川流不息，但是进入路口的车辆总数和驶离路口的车辆总数总是相等的。电路中也有类似的定律——基尔霍夫定律。基尔霍夫定律归纳的是电路的基本规律。

为了更好地表述和理解基尔霍夫定律，以图 2.1.1 为例，介绍几个电路中的名词。

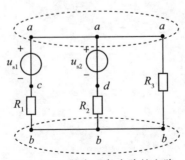

图 2.1.1　具有三条支路的电路

支路：每一个二端元件就是一条支路。为了方便起见，常常把流过同一电流的几个元件的串联组成称为一条支路。图2.1.1电路中共有三条支路(*acb*、*adb*和*ab*)。

节点：两条或两条以上支路的连接点称为节点。为了方便起见，通常把三条或三条以上支路的连接点称为节点，如图2.1.1中上端都为*a*点，因为是用理想导体相连的，从电的角度来看，它们是相同的端点，可以合并成一点；同理，下端都为*b*点。将*acb*作为一条支路时，*c*点可不算为节点；同理，*d*点也可不算为节点。所以共有两个节点(*a*点和*b*点)。

回路：电路中任一闭合路径称为回路。图2.1.1中的*acbda*、*acba*和*adba*都是回路。

网孔：内部不含支路的回路称为网孔。图2.1.1中的*acbda*和*adba*是网孔，但*acba*不是网孔，因其内部含有*adb*支路。

2.1.1 基尔霍夫电流定律

基尔霍夫电流定律又称节点电流定律，应用基尔霍夫电流定律列写的节点处支路电流的方程称为KCL方程。基尔霍夫电流定律的表述是：电路中任意一个节点处，在任一时刻，流入该节点的电流之和等于流出该节点的电流之和。

KCL方程为

$$\sum i_{入}(t) = \sum i_{出}(t) \tag{2-1-1}$$

如图2.1.2中的节点*a*，写出的KCL方程为：$i_1(t) + i_2(t) = i_3(t)$。

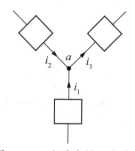

图2.1.2 电路中的一个节点

如果规定流入节点的电流为正，流出节点的电流为负，则KCL方程也可写成

$$\sum i(t) = 0 \tag{2-1-2}$$

亦即电路中任一节点处，在任一时刻，电流的代数和等于零。

基尔霍夫电流定律可以推广应用于任意假定的封闭面，如图2.1.3(a)所示的电路，假定一个封闭面*S*把电阻R_4、R_5和R_6所构成的电路全部包围起来，则流进封闭面*S*的电流的代数和等于零，即

$$i_1(t) + i_2(t) + i_3(t) = 0$$

事实上，不论电路怎么复杂，总是通过两根导线与电源连接的，而这两根导线是串接在电路中的，所以，流过它们的电流必须相等，如图2.1.3(b)所示。显然，若将一根导

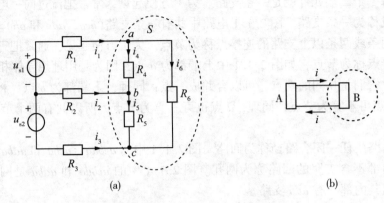

图 2.1.3 KCL 应用于封闭面

线切断,则另一根导线的电流一定为零。所以,在已经接地的电力系统中进行工作时,只要穿绝缘胶鞋或站在绝缘木梯上,并且不同时触及有不同电位的两根导线,就能保证安全,因为这时不会有电流流过人体。

应该指出,KCL 方程中所说的电流流入或流出都是相对参考方向而言的。因此必须先在电路图上标明各有关电流的参考方向,然后按所标的参考方向列写 KCL 方程。如果求得的结果为正,则说明所求电流的实际方向与所假设的参考方向一致;若求得结果为负,则说明所求电流的实际方向与所设参考方向相反。

【例 2-1-1】如图 2.1.4 所示某复杂电路中的一个节点 a 处,已知 $I_1 = 5A$,$I_2 = 2A$,$I_3 = -3A$,求流过元件 A 的电流 I_4。

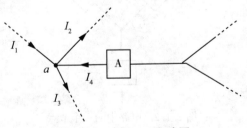

图 2.1.4 例 2-1-1 电路图

解:节点 a 的 KCL 方程为 $I_1 + I_4 = I_2 + I_3$

故有 $I_4 = I_2 + I_3 - I_1 = 2 + (-3) - 5 = -6A$

负号表示 I_4 的实际方向与参考方向相反。

【思考题】

(1)在节点处各支路电流的方向能不能都假设为流入方向或都假设为流出方向?

(2)如果利用 KCL 方程求解出某一支路电流,若改变接在同一节点所有其他已知电流的参考方向,再利用 KCL 方程求解该支路电流,则两者会有符号的差别吗?

2.1.2 基尔霍夫电压定律

基尔霍夫电压定律又称为回路电压定律，应用基尔霍夫电压定律列写的回路中支路电压的方程称为 KVL 方程。基尔霍夫电压定律的表述是：电路中任意一个回路中，在任一时刻，从一点出发绕回路一周回到该点时，各段电压(电压降)的代数和等于零。

KVL 方程为

$$\sum u(t) = 0 \tag{2-1-3}$$

应该指出，列方程时，回路的绕行方向可以任意选择，但一经选定就不能中途改变。

【例 2-1-2】 如图 2.1.5 所示电路，已知 $U_1 = 20V$，$U_3 = -3V$，$U_4 = 5V$，$U_6 = 10V$，求 U_2、U_5 和 U_{ce}。

解：由回路 $abcda$，并沿该次序依次绕行，取电位下降(电压降)为正，电位上升(电压升)为负，写出的 KVL 方程为：$-U_2-U_6-U_4+U_1=0$，有

$$U_2 = -U_6 - U_4 + U_1 = -10 - 5 + 20 = 5(V)$$

同理，由回路 $aeba$ 的 KVL 方程：$U_3 + U_5 + U_2 = 0$，有

$$U_5 = -U_3 - U_2 = -(-3) - 5 = -2(V)$$

可见，任意两点间的电压等于由"+"出发到"−"的电压降的代数和。

用双下标记法描述的电压如 U_{ce}，表示由 c 点到 e 点的电压，即电压的参考极性是 c 点为"+"，e 点为"−"。故

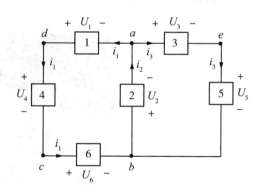

图 2.1.5 例 2-1-2 电路

$$U_{ce} = U_{cb} + U_{be} = U_6 - U_5 = 10 - (-2) = 12(V)$$

或 $$U_{ce} = U_{cd} + U_{da} + U_{ae} = -U_4 + U_1 + U_3 = -5 + 20 + (-3) = 12(V)$$

显然，任意两点间的电压与计算时所选择的路径无关。基尔霍夫电压定律不仅适用于实际回路，亦适用于开口电路，或称之为假想回路。

【例 2-1-3】 如图 2.1.6 所示含源支路，已知 $U_{ab} = 7V$，求 I。

解：设电路中所有电阻的电压和电流为关联参考方向，

列支路的 KVL 方程：

$$U_{ab} = 2I + 6 + 3I - 14 = 7 \text{ (V)}$$

故
$$I = \frac{7 + 14 - 6}{2 + 3} = 3 \text{ (A)}$$

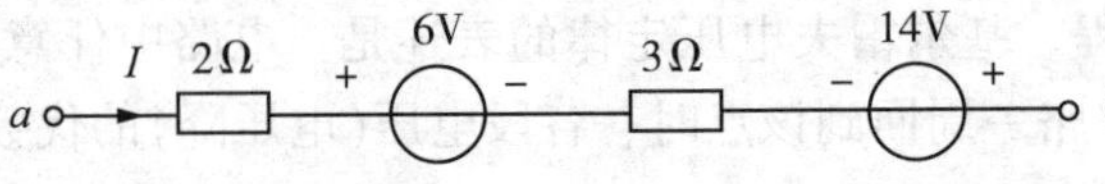

图 2.1.6　例 2-1-3 电路

2.1.3　技能训练　验证基尔霍夫定律

在图 2.1.7 所示电路中，$U_1 = 12\text{V}$，$U_2 = 6\text{V}$，可利用两路直流稳压源产生。本书以 GPS-2303C 双路直流稳压电源(如图 2.1.8 所示)为例，简单介绍两路直流稳压电源的使用。该仪器通过面板的 TRACKING 选择开关可选择三种模式：独立输出、串联输出和并联输出。

1. 独立输出模式(Independent)

CH1 和 CH2 电源供应器在额定电流时，分别可供给 0～额定的电压输出。当设定在独立模式时，CH1 和 CH2 为分别独立的两组电源，可单独或两组同时使用。其操作模式如下：

(1)同时将两个 TRACKING 选择按键按出，将电源供应器设定在独立操作模式。

(2)调整电压和电流旋钮以取得所需的电压和电流值。

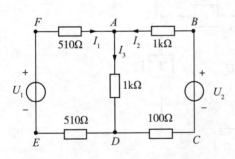

图 2.1.7　KCL、KVL 验证实验参考电路

图 2.1.8　GPS-2303C 双路直流稳压电源

(3)关闭电源，连接负载后，再打开电源。

(4)将红色测试导线插入输出端的正极。

(5)将黑色测试导线插入输出端的负极。

2. 串联输出模式(Series)

当选择串联模式时，CH2 输出端正极将主动与 CH1 输出端子的负极连接。而其最大输出电压(串联电压)即由两组(CH1 和 CH2)输出电压相互串联成一多样化的单体控制电

压。由 CH1 电压控制旋钮即可控制 CH2 输出电压,自动设定和 CH1 相同变化量的输出电压。其操作程序如下:

(1)按下左边 TRACKING 的选择按键,松开右边按键,将电源供应器设定在串联输出模式。批注:在串联模式下,实际的输出电压值为 CH1 表头显示的 2 倍,而实际输出电流值则可直接从 CH1 或 CH2 电流表头读值得知。

(2)将 CH2 电流控制旋钮按顺时针方向旋转到底,CH2 的最大电流的输出随 CH1 电流设定值而改变。在串联模式时,也可使用电流控制旋钮来设定最大电流。流过两组电源供应器的电流必须相等;其最大限流点是取两组电流控制旋钮中较低的一组读值。

(3)使用 CH1 电压控制旋钮调整所需的输出电压。

(4)关闭电源,连接负载后,再打开电源。

(5)假如只需单电源供应,则将测试导线一条接到 CH2 的负端,另一条接到 CH1 的正端,而此两端可提供 2 倍主控输出电压显示值及电流显示值。

3. 并联输出模式(Parallel)

在并联模式时,CH1 输出端正极和负极会自动和 CH2 输出端正极和负极两两相互并联接在一起,而此时,CH1 表头显示 CH1 输出端的额定电压值及 2 倍的额定电流输出。

(1)将 TRACKING 的两个按键都按下,设定为并联模式。

(2)从 CH1 电压表可读出输出电压值。因每一电源供应等量的电流,故电流表可读出两倍的输出电流值。

(3)因为在并联模式时,CH2 的输出电压、电流完全由 CH1 的电压和电流旋钮控制,并且追踪于 CH1 输出电压和电流(CH1 和 CH2 的电压和电流输出完全相等)。使用 CH1 电流旋钮来设定限流点(超载保护),在 CH1 电源的实际输出电流为电流表显示值的 2 倍。

(4)使用 CH1 电压控制旋钮调整所需的输出电压。

(5)关闭电源,连接负载后,再打开电源。

(6)将装置的正极连接到电源供应器的 CH1 输出端子的正极(红色端子)。

(7)将装置的负极连接到电源供应器的 CH1 输出端子的负极(黑色端子)。

注意输出的 ON/OFF:输出的 ON/OFF 是由一个单一的开关控制,按下此开关,输出的 LED 会亮并开始输出,按出此开关或按下追踪的开关,则停止输出。

按图 2.1.7 所示连接电路,将万用表置于直流电流挡,分别测量三条支路中的三个电流 I_1、I_2、I_3,测量结果填入表 2-1-1 中。再将万用表置于直流电压挡,分别测量两路电源 U_1、U_2 及电阻元件上的电压值,测量结果也记入表 2-1-1 中。

表 2-1-1 　　　　　　　　　　　KCL、KVL 验证

	I_1(mA)	I_2(mA)	I_3(mA)	U_1(V)	U_2(V)	U_{FA}(V)	U_{AB}(V)	U_{AD}(V)	U_{CD}(V)	U_{DE}(V)
计算值										
测量值										
相对误差										

完成数据表格中的计算，对误差作必要的分析。再根据实验数据，选定节点 A，验证 KCL 的正确性；选定实验电路中的任一个闭合回路，验证 KVL 的正确性。

【思考题】

(1)若以 F 点为参考电位点，实验测得各点的电位值；再令 E 点作为参考电位点，试问此时各点的电位值应有何变化？

(2)实验中，若用指针式万用表直流毫安挡测各支路电流，在什么情况下可能出现指针反偏？此时应如何处理？在记录数据时应注意什么？若用直流数字毫安表进行测量，则会有什么显示呢？

2.2   电阻电路的分析与测试

电路中我们可以把一组元件作为一个整体来看待，当这个整体只有两个端钮可与外部电路相连接，且进出这两个端钮的电流是同一个电流时，则这个由元件构成的整体称为二端网络或单口网络。在图 2.2.1 所示电路中，电阻 R_1、R_2 构成的串联支路可作为一个二端网络看待。显然，单个二端元件是二端网络最简单的形式，在图 2.2.1 电路中，电压源 $U_s = 10V$ 也可看作一个二端网络。

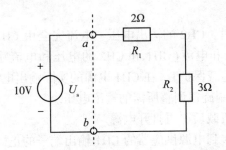

图 2.2.1   电路可看成由两个二端网络组成

第 1 章中已介绍了单个元件都有它的电压电流关系(VAR)，一个二端网络当然也有它的电压电流关系(VAR)，用它的端电压 u 和端电流 i 的关系来表示。如果一个二端网络的 VAR 和另一个二端网络的 VAR 完全相同，则称这两个二端网络是等效的。

2.2.1   串联电阻电路

把电阻一个接一个地依次首尾相接，且各连接点没有分支，就组成串联电阻电路。如图 2.2.2 所示，由于对该电路的分析含功率相关内容，电压和电流都采用了大写字母表示。

串联电阻电路的特点是：

(1)电路中因为连接点没有分支，所以各电阻上流过的电流必定是同一个电流；

（2）电路两端的总电压等于各部分电路两端的电压之和。

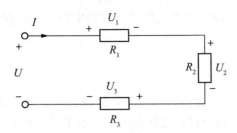

图 2.2.2　串联电阻电路

1. 串联电阻电路的等效电阻

根据欧姆定律和基尔霍夫电压定律，图 2.2.2 所示串联电阻电路的伏安关系为：

$$U = U_1 + U_2 + U_3 = R_1 I + R_2 I + R_3 I = (R_1 + R_2 + R_3) I$$

令 $R = R_1 + R_2 + R_3$，则 $U = RI$。也就是说，该串联电阻电路可等效为一个电阻元件，其电阻值等于所有电阻之和。

如果有 n 个电阻串联，则等效电阻

$$R = R_1 + R_2 + \cdots + R_n \qquad (2\text{-}2\text{-}1)$$

2. 串联电阻电路的电压分配

在串联电路中，由于

$$I = \frac{U_1}{R_1} = \frac{U_2}{R_2} = \frac{U_3}{R_3} = \frac{U}{R}$$

所以

$$U_1 = \frac{R_1}{R} U, \quad U_2 = \frac{R_2}{R} U, \quad U_3 = \frac{R_3}{R} U$$

上式表明：串联电阻电路中任一电阻两端的电压等于端电压乘以该电阻对总电阻的比值。即各电阻上的电压与电阻值成正比。显然，电阻值大的电阻分配到的电压也高。

如果有 n 个电阻串联，第 k 个电阻的电压用 U_k 表示，则串联电阻电路的分压公式为

$$U_k = \frac{R_k}{R} U \qquad (2\text{-}2\text{-}2)$$

分压公式不仅适用于直流电路，同样也适用于交流电路。

3. 串联电阻电路的功率分配

在串联电路中，每个电阻消耗的功率

$$P_1 = I^2 R_1, \quad P_2 = I^2 R_2, \quad P_3 = I^2 R_3$$

所以

$$\frac{P_1}{R_1} = \frac{P_2}{R_2} = \frac{P_3}{R_3} = I^2 \qquad (2\text{-}2\text{-}3)$$

也就是说，串联电阻电路中各个电阻消耗的功率与它的阻值成正比。

2.2.2　并联电阻电路

把多个电阻一端连接在一起，另一端也连接在一起，就组成了并联电阻电路。如图 2.2.3 所示，同串联电阻电路一样，电压和电流都采用了大写字母表示。

并联电阻电路的特点是：

(1)各电阻两端的电压都是同一个电压；

(2)电路端钮的总电流等于流过各个电阻的电流之和。

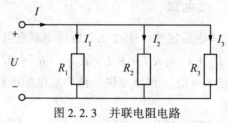

图 2.2.3　并联电阻电路

1. 并联电阻电路的等效电阻

根据欧姆定律和基尔霍夫电流定律，图 2.2.3 所示的并联电阻电路的伏安关系为：

$$I = I_1 + I_2 + I_3 = \frac{U}{R_1} + \frac{U}{R_2} + \frac{U}{R_3} = \left(\frac{1}{R_1} + \frac{1}{R_2} + \frac{1}{R_3} \right) U$$

令 $\frac{1}{R} = \frac{1}{R_1} + \frac{1}{R_2} + \frac{1}{R_3}$，则 $I = \frac{U}{R}$。该并联电阻电路可等效为一个电阻元件，其电阻的倒数等于各个电阻倒数之和。

如果有 n 个电阻并联，则等效电阻

$$\frac{1}{R} = \frac{1}{R_1} + \frac{1}{R_2} + \frac{1}{R_3} + \cdots + \frac{1}{R_n} \qquad (2\text{-}2\text{-}4)$$

即记为

$$R = R_1 \mathbin{/\!/} R_2 \mathbin{/\!/} R_3 \mathbin{/\!/} \cdots \mathbin{/\!/} R_n \qquad (2\text{-}2\text{-}5)$$

当只有两个电阻并联时，等效电阻

$$R = R_1 \mathbin{/\!/} R_2 = \frac{R_1 R_2}{R_1 + R_2} \qquad (2\text{-}2\text{-}6)$$

2. 并联电阻电路的电流分配

在图 2.2.3 所示的并联电路中，由于

$$U = R_1 I_1 = R_2 I_2 = R_3 I_3 = RI$$

所以

$$I_1 = \frac{R}{R_1} I, \ \ I_2 = \frac{R}{R_2} I, \ \ I_3 = \frac{R}{R_3} I$$

上式表明：并联电阻电路中流过任一电阻的电流等于端电流乘以总电阻对该电阻的比值。即流过各电阻的电流与电阻值成反比。显然，流过电阻值大的电阻的电流小。

如果有 n 个电阻并联，第 k 个电阻的电流用 I_k 表示，则并联电阻电路的分流公式为

$$I_k = \frac{R}{R_k}I \tag{2-2-7}$$

当只有两个电阻并联时，分流公式为

$$I_1 = \frac{R_2}{R_1 + R_2}I, \ I_2 = \frac{R_1}{R_1 + R_2}I \tag{2-2-8}$$

用电导表示电阻元件，并联电阻电路的伏安关系为：

$$I = I_1 + I_2 + I_3 = G_1U + G_2U + G_3U = GU$$

则并联电阻电路的分流公式为

$$I_k = \frac{G_k}{G}I \tag{2-2-9}$$

分流公式不仅适用于直流电路，同样也适用于交流电路。

3. 并联电阻电路的功率分配

在图 2.2.3 所示的并联电路中，每个电阻消耗的功率

$$P_1 = \frac{U^2}{R_1}, \ P_2 = \frac{U^2}{R_2}, \ P_3 = \frac{U^2}{R_3}$$

所以 $\qquad\qquad\qquad P_1R_1 = P_2R_2 = P_3R_3 = U^2 \tag{2-2-10}$

也就是说，并联电阻电路中各个电阻消耗的功率与它的阻值成反比。

2.2.3 电阻混联电路

既有电阻串联又有电阻并联的电路，称为电阻混联电路。它的串联部分具有电阻串联电路的特点，并联部分具有电阻并联电路的特点。所以，分析混联电路的关键是要分清电路的连接关系。下面介绍两种判别电路串、并联的方法：

（1）直接观察法：同一个电流通过的电阻，一定是串联；连接在两个共同节点之间的电阻，承受同一个电压，一定是并联。

（2）假想电流法：求一个无源电阻的二端网络端钮 a、b 两端间的等效电阻，可以假想一个从 a 流到 b 的电流。首先，找 a、b 之间的节点，两个节点之间有几条路，这几条路就是并联；每两个节点组成一段，段与段之间是串联，画出等效电路。但必须注意：一是不能遗漏任何一条支路，二是对电路进行变形时可以不改变连接点而移动电路的位置，短路线可以任意压缩或伸展，多点接地可以用短路线相连。

【例 2-2-1】求图 2.2.4 所示电路 a、b 两端的等效电阻 R_{ab}。

解：利用假想电流法，重新画出图 2.2.4 所示电路，如图 2.2.5 所示。

由图 2.2.5(a)，得 $R_{ab} = 4 /\!/ (2 + 3 /\!/ 6) = 2(\Omega)$

由图 2.2.5(b)，得 $R_{ab} = 20 /\!/ 5 + 15 /\!/ (6 /\!/ 6 + 7) = 10(\Omega)$

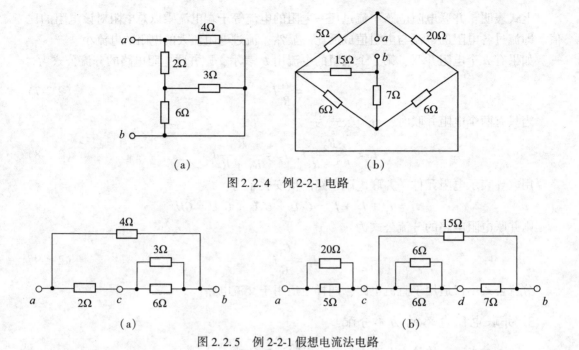

图 2.2.4　例 2-2-1 电路

图 2.2.5　例 2-2-1 假想电流法电路

2.2.4　技能训练　分压电阻和分流电阻

电阻串联电路和电阻并联电路应用非常广泛，比如：利用串联电阻可获得阻值较大的电阻；利用串联电阻分压，满足当负载的额定电压较低时接入电路的需要；扩大电压表的量程等。利用并联电阻可获得阻值较小的电阻；利用并联电阻分流，满足当负载的额定电流较低时接入电路的需要；扩大电流表的量程等。

1. 分压电阻

串联电阻可以分担一部分电压，串联电阻的这种作用称为分压作用，作这种用途的电阻称为分压电阻。

连接 LED 电路，有一个 LED 灯，它的额定电压为 3V，正常工作时通过的电流为 0.02A，如何将它接入 5V 的电源电路中呢？

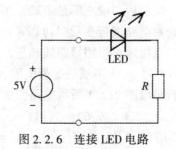

图 2.2.6　连接 LED 电路

显然，直接把这盏灯接入 5V 电源电路是不行的，必须存在分压支路，即串联电阻元件 R，如图 2.2.6 所示，其上电压

$$U = 5 - 3 = 2 \; (\mathrm{V})$$

而流过电阻 R 的电流要保证 LED 灯正常工作，所以

$$I = 0.02 \; (\mathrm{A})$$

故

$$R = \frac{U}{I} = \frac{2}{0.02} = 100 (\Omega)$$

2. 扩大电压表的量程

常用的电压表是由微安表或毫安表改装而成的。微安表或毫安表的电阻值 R_g 一般为几百欧到几千欧，允许通过的最大电流 I_g 为几十微安到几毫安。当通过它的电流为 I_g 时，它的指针偏转到最大刻度，所以，I_g 也称为满偏电流。如果被测电压 U 大于 $R_g I_g$，电流将超过 I_g，不但指针指示会超出刻度范围，还会烧毁微安表或毫安表。

有一量程 $U_g = 100\mathrm{mV}$，内阻 $R_g = 1\mathrm{k\Omega}$ 的电压表，要将其改装成量程为 $U = 5\mathrm{V}$ 的电压表，如何改？

该电压表的满偏电流 $I_g = U_g / R_g = 0.1\mathrm{mA}$，显然，如果将其直接测量 5V 的电压，

$$I = U / R_g = 5\mathrm{mA} > I_g$$

电压表肯定被烧毁。所以，必须串联分压电阻 R 来分担 $5 - 0.1 = 4.9$（V）的电压，如图 2.2.7 所示。

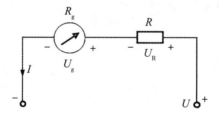

图 2.2.7　扩大电压表量程

根据串联电阻电路的电压与电阻成正比，

$$\frac{U_g}{R_g} = \frac{U_R}{R}$$

则

$$R = \frac{U_R}{U_g} R_g = \frac{4.9}{0.1} \times 1 = 49 (\mathrm{k\Omega})$$

3. 扩大电流表的量程

并联电阻可以分担一部分电流，并联电阻的这种作用称为分流作用，作这种用途的电阻称为分流电阻。电阻并联的应用也非常广泛，在实际工作中常见的主要应用有：用并联电阻来获得某一较小的电阻。在电工电子测量中，广泛应用并联电阻的方法来扩大电流表

的量程。

如何将一量程为 $I_g = 500\mu A$，内阻 $R_g = 1k\Omega$ 的电流表，改装成量程为 $I = 1mA$ 的电流表？必须并联分流电阻 R 来分担 $1 - 0.5 = 0.5(mA)$ 的电流，如图 2.2.8 所示。

由于并联电阻电路电压相等，$I_g R_g = I_R R$，所以

$$R = \frac{I_g}{I_R}R_g = \frac{0.5}{1 - 0.5} \times 10^3 = 1 \ (k\Omega)$$

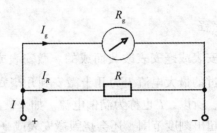

图 2.2.8　扩大电流表量程

【思考题】

(1)室内配电箱中的熔断器熔断后，该室内所有用电器都将断电无法工作。请问熔断器是以什么方式接入电路中的呢？

(2)如何将若干个 LED 灯接入 5V 的电源电路中，不另加其他电阻元件，并保证它们全部正常发光？

2.3　电源的等效变换与测试

2.3.1　电压源等效电路

1. n 个电压源串联

如图 2.3.1(a)所示，二端网络由三个电压源串联支路构成，端电压 $u = u_{s1} + u_{s2} - u_{s3}$。显然只要图 2.3.1(b)中的电压源 $u_s = u_{s1} + u_{s2} - u_{s3}$，两者的 VAR 就相同。

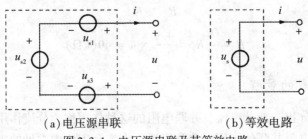

(a)电压源串联　　　　　　(b)等效电路

图 2.3.1　电压源串联及其等效电路

依此类推，可知 n 个电压源串联电路可等效为一个电压源，其电压等于各个电压源电压的代数和。

2. n 个电压源并联

电压源并联一般都将违背 KVL，只有如图 2.3.2 所示，在满足电压值相等、连接极性一致的条件下才允许并联，其等效电路即为其中任一电压源。

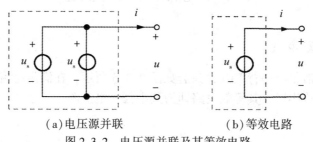

(a)电压源并联　　　　　　　(b)等效电路

图 2.3.2　电压源并联及其等效电路

3. 电压源与其他二端元件或网络并联

电压源与其他二端元件或网络并联时，与电压源并联的任一二端元件或网络 N 对外电路的端口电压而言均是多余的，如图 2.3.3 所示，其端钮的电压电流关系均为：

$$u = u_s$$

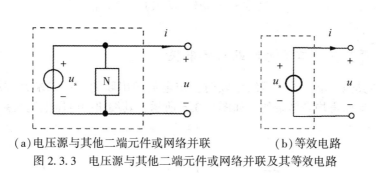

(a)电压源与其他二端元件或网络并联　　　　　(b)等效电路

图 2.3.3　电压源与其他二端元件或网络并联及其等效电路

2.3.2　电流源等效电路

1. n 个电流源并联

如图 2.3.4(a)所示，二端网络由三个电流源并联支路构成，其端电流 $i = i_{s1} + i_{s2} - i_{s3}$。显然，只要图 2.3.4(b)中的电压源 $i_s = i_{s1} + i_{s2} - i_{s3}$，两者的 VAR 就相同。

依此类推，可知 n 个电流源并联电路可等效为一个电流源，其电流等于各个电流源电流的代数和。

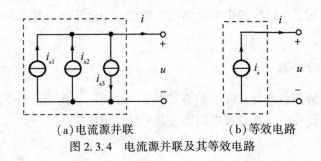

(a)电流源并联　　　　　　　(b)等效电路

图 2.3.4　电流源并联及其等效电路

2. n 个电流源串联

电流源串联一般都将违背 KCL，只有如图 2.3.5 所示，在满足电流值相等、连接方向一致的条件下才允许串联，其等效电路即为其中任一电流源。

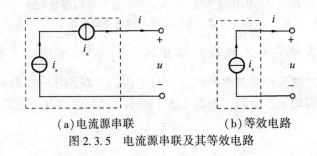

(a)电流源串联　　　　　　　(b)等效电路

图 2.3.5　电流源串联及其等效电路

3. 电流源与其他二端元件或网络串联

电流源与其他二端元件或网络串联时，与电流源串联的任一二端元件或网络 N 对外电路的端口电流而言均是多余的，如图 2.3.6 所示，其端钮的电压电流关系均为：

$$i = i_s$$

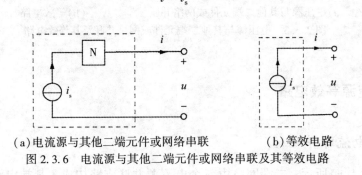

(a)电流源与其他二端元件或网络串联　　　　　(b)等效电路

图 2.3.6　电流源与其他二端元件或网络串联及其等效电路

2.3.3　实际电源模型的等效互换

理想电压源和理想电流源是不能等效互换的。而实际电压源模型和实际电流源模型，为了方便电路的分析和计算，往往需要进行等效互换。这种等效互换是在遵循两种电源模型的外部特性完全相同的原则下进行的，也就是需要两种电源模型端钮上的电压电流关系完全相同。

为了方便比较，将两种电源模型画在一起，如图 2.3.7 所示，R_s 表示电流源的内阻。

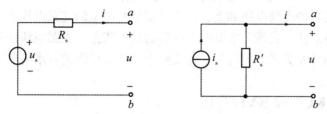

图 2.3.7　两种实际电源模型

两种实际电源模型的电压电流关系分别为：

$$u = u_s - R_s i$$

$$i = i_s - \frac{u}{R'_s}, \quad 可得，u = R'_s i_s - R'_s i$$

显然，只要满足

$$\begin{cases} u_s = R'_s i_s \\ R'_s = R_s \end{cases} \tag{2-3-1}$$

则两种实际电源模型的电压电流关系完全相同。式(2-3-1)就是两种实际电源模型等效变换的条件。

需要特别注意的是：电流源电流的参考方向与电压源的电压极性必须和图 2.3.7 中一致，即电流源的电流箭头指向的端钮对应于电压源电压正极所在的端钮。

【例 2-3-1】 化简图 2.3.8(a)所示电路，写出该二端网络的伏安关系。

解： (a)图可依次化简为(b)~(e)所示电路。

由图 2.3.8(e)可得二端网络的伏安关系是：$U = 4.5 - 2.5I$。

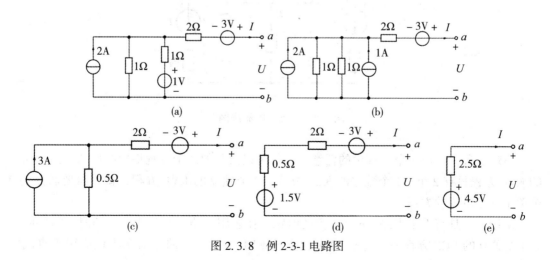

图 2.3.8　例 2-3-1 电路图

2.4　支路电流法

电路分析的典型问题是：给定电路的结构、元件的特性以及各独立电源的电压或电流，求出电路中所有的支路电压和支路电流，或某些指定的支路电压和支路电流。基尔霍夫定律和每个元件的伏安关系是求解电路问题的基本依据。支路电流法就是直接利用基尔霍夫定律和支路的伏安关系，列写关于各支路电流的方程组进行求解的方法。

2.4.1　独立的 KCL 和 KVL 方程

一个具有 b 条支路，n 个节点的电路，未知支路电流个数等于支路数 b，必须有 b 个独立方程才能求解 b 个未知支路电流。如图 2.4.1 所示电路有 3 条支路，就必须联立 3 个关于支路电流的方程。

电路的 KCL 方程有多少呢？如图 2.4.1 所示电路中有 2 个节点，节点 a 和节点 b 列写的KCL方程都是 $I_1+I_2-I_3=0$。即含 2 个节点的电路，只得到 1 个 KCL 方程，推广到具有 n 个节点的电路，只能得到 $n-1$ 个 KCL 方程，我们称这 $n-1$ 个 KCL 方程为独立的 KCL 方程，因为对第 n 个节点列写的 KCL 方程可以由这 $n-1$ 个方程推导得到。

所以，剩余的 $b-(n-1)$ 个方程只能是电路回路的 KVL 方程。图 2.4.1 所示电路具有三个回路 L_1、L_2 和 L_3。

L_1 的 KVL 方程：$R_3I_3+R_1I_1-U_{s1}=0$

L_2 的 KVL 方程：$R_3I_3+R_2I_2-U_{s2}=0$

L_3 的 KVL 方程：$R_1I_1-U_{s1}+U_{s2}-R_2I_2=0$

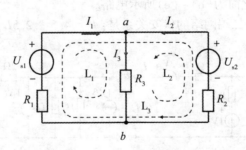

图 2.4.1　支路电流法例图

不难发现，上面 3 个方程中的任意一个都可以由其他两个方程推导而得到，亦即独立的 KVL 方程只有 2 个。1 个独立的 KCL 方程，2 个独立的 KVL 方程，就是需要联立的 3 个关于支路电流的方程。

结论：对具有 b 条支路、n 个节点的电路，在运用支路电流法求解电路时，需要联立 $n-1$ 个独立的 KCL 方程和 $b-(n-1)$ 个独立的 KVL 方程。支路电流法不仅适用于直流电路，同样适用于交流电路。

2.4.2 支路电流法的应用

对具有 b 条支路、n 个节点的电路，应用支路电流法求解电路的具体步骤如下：

(1)确定支路数，假定电路图中各支路电流的参考方向。

(2)选择 $n-1$ 个节点，列出 $n-1$ 个独立的 KCL 方程。

(3)对选定的回路标出回路绕行方向，列出独立的 $b-(n-1)$ 个回路的 KVL 方程。通常选择网孔为独立回路，并设定绕行方向，列出 $b-(n-1)$ 个独立 KVL 方程。

(4)联立上述方程，求解各支路电流。

【例 2-4-1】 两台直流发电机并联给一电阻负载供电，其等效电路如图 2.4.1 所示。已知 $R_1=1\Omega$，$R_2=0.6\Omega$，$R_3=24\Omega$，$U_{s1}=130\mathrm{V}$，$U_{s2}=117\mathrm{V}$。试用支路电流法求负载 R_3 中的电流 I_3 及每台发电机的输出电流 I_1 和 I_2。

解：联立节点 a 的 KCL 方程和两个网孔的 KVL 方程，

$$\begin{cases} I_1 + I_2 - I_3 = 0 \\ 24I_3 + 1 \times I_1 - 130 = 0 \\ 24I_3 + 0.6 \times I_2 - 117 = 0 \end{cases}$$

解得

$$I_1 = 10(\mathrm{A}), \quad I_2 = -5(\mathrm{A}), \quad I_3 = 5(\mathrm{A})$$

U_{s1} 发出的功率为

$$U_{s1}I_1 = 130 \times 10 = 1300(\mathrm{W})$$

U_{s2} 发出的功率为

$$U_{s2}I_2 = 117 \times (-5) = -585(\mathrm{W})$$

各电阻吸收的功率为

$$I_1^2 R_1 = 10^2 \times 1 = 100(\mathrm{W})$$

$$I_2^2 R_3 = (-5)^2 \times 0.6 = 15(\mathrm{W})$$

$$I_3^2 R_3 = 5^2 \times 24 = 600(\mathrm{W})$$

易得

$$1300 - 585 = 100 + 15 + 600$$

功率平衡，表明计算正确。

2.5 网孔分析法

在求解电路中各个支路电流和电压时，用支路电流法先求解全部支路的电流，然后再根据支路的电压电流关系，求解各支路电压。对于一个具有 b 条支路、n 个节点的电路，需要联立 $n-1$ 个独立的 KCL 方程和 $b-(n-1)$ 个独立的 KVL 方程，共需要联立 b 个方程。

能否减少联立的方程数目呢？同时，独立的方程如何快速确定？网孔分析法和节点分析法便可以很好地解决这两个问题。本节先介绍网孔分析法。

2.5.1　网孔电流

所谓网孔电流，是沿着每一个网孔边界流动的假想电流，用 i_m 表示。如图 2.5.1 所示电路，含有三个网孔，假设三个网孔电流分别为 i_{m1}、i_{m2} 和 i_{m3}，图中用虚线表示。

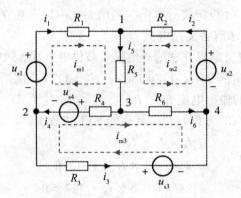

图 2.5.1　网孔分析法示例

不难得出支路电流与网孔电流的关系如下：

$$\begin{cases} i_1 = i_{m1} \\ i_2 = i_{m2} \\ i_3 = -i_{m3} \\ i_4 = i_{m1} - i_{m3} \\ i_5 = i_{m1} + i_{m2} \\ i_6 = i_{m2} + i_{m3} \end{cases}$$

显然各支路电流均可由网孔电流表达，说明网孔电流是完备的。也就是说，若已知全部网孔电流，则各条支路电流便可以求解，各个元件的电压亦可求解。网孔分析法就是以网孔电流作为第一步求解的对象，再求解支路电流和支路电压的分析方法。

由于每一个网孔电流沿着网孔流动，是独立的，当它流经某节点时，从该节点流入，又从该节点流出，所以网孔电流自动满足 KCL 方程。以节点 1 的 KCL 方程：$i_1 + i_2 = i_5$ 为例，对应的网孔电流表示的方程是 $i_{m1} + i_{m2} = i_{m1} + i_{m2}$。即不论网孔电流为何值，上式恒等。

2.5.2　网孔方程

由上述分析可知，利用网孔电流联立各个网孔的 KVL 方程，可得以网孔电流为变量的方程组，称为网孔方程。图 2.5.1 所示电路，沿网孔电流流动方向列写的网孔方程如下：

$$\begin{cases} R_1 i_{m1} + R_5(i_{m1} + i_{m2}) + R_4(i_{m1} - i_{m3}) + u_{s4} - u_{s1} = 0 \\ R_2 i_{m2} + R_5(i_{m1} + i_{m2}) + R_6(i_{m2} + i_{m3}) - u_{s2} = 0 \\ R_3 i_{m3} - u_{s4} + R_4(i_{m3} - i_{m1}) + R_6(i_{m2} + i_{m3}) - u_{s3} = 0 \end{cases}$$

整理后，得

$$\begin{cases} (R_1 + R_4 + R_5)i_{m1} + R_5 i_{m2} - R_4 i_{m3} = u_{s1} - u_{s4} \\ R_5 i_{m1} + (R_2 + R_5 + R_6)i_{m2} + R_6 i_{m3} = u_{s2} \\ -R_4 i_{m1} + R_6 i_{m2} + (R_3 + R_4 + R_6)i_{m3} = u_{s3} + u_{s4} \end{cases} \tag{2-5-1}$$

现在，我们将式(2-5-1)里的相关参数命名。

(1)自电阻：电路中各自网孔内所有电阻的总和，自电阻一定为正。记为 $R_{11} = R_1 + R_4 + R_5$，$R_{22} = R_2 + R_5 + R_6$，$R_{33} = R_3 + R_4 + R_6$。

(2)互电阻：电路中两个相邻网孔公有电阻，公有电阻具有对称性。当网孔电流流过公有电阻时方向一致取正值，方向相反取负值。记为 $R_{12} = R_{21} = R_5$，$R_{13} = R_{31} = -R_4$，$R_{23} = R_{32} = R_6$。

(3)网孔中各电压源沿网孔电流方向电压升的代数和。记为 $u_{s11} = u_{s1} - u_{s4}$，$u_{s22} = u_{s2}$，$u_{s33} = u_{s3} + u_{s4}$。

由此，可得网孔方程的一般形式：

$$\begin{cases} R_{11} i_{m1} + R_{12} i_{m2} + R_{13} i_{m3} = u_{s11} \\ R_{21} i_{m1} + R_{22} i_{m2} + R_{23} i_{m3} = u_{s22} \\ R_{31} i_{m1} + R_{32} i_{m2} + R_{33} i_{m3} = u_{s33} \end{cases} \tag{2-5-2}$$

网孔方程的实质就是 KVL 方程。对于一个具有 b 条支路、n 个节点的电路，需要联立的方程数目是 $b-(n-1)$ 个。需要注意的是，它只适用于平面电路，并不适用于非平面电路。

2.5.3 网孔分析法的应用

应用网孔分析法解题的一般步骤如下：
(1)假设网孔电流，标明其参考方向；
(2)依据网孔方程的规律用观察法列方程；
(3)解方程求得网孔电流；
(4)应用欧姆定律和 KCL，求解所需变量。

【例 2-5-1】如图 2.5.2 所示电路，求 I_1、I_2 和 I_3。

解：假设网孔电流如图 2.5.2 所示。

网孔 1：$\qquad (3 + 6 + 1)I_{m1} - 6I_{m2} = 5 - 9$

网孔 2：$\qquad -6I_{m1} + (1 + 6 + 1)I_{m2} = 9$

联立方程组，解得 $\qquad I_{m1} = 0.5A$，$I_{m2} = 1.5A$

易得 $\qquad I_1 = I_{m1} = 0.5(A)$，$I_2 = I_{m1} - I_{m2} = -1(A)$，$I_3 = I_{m2} = 1.5(A)$

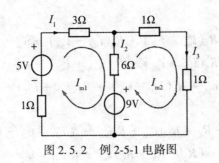

图 2.5.2　例 2-5-1 电路图

【例 2-5-2】如图 2.5.3 所示电路，求 I_1 和 I_2。

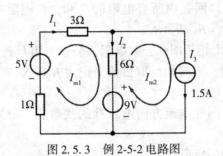

图 2.5.3　例 2-5-2 电路图

解：图 2.5.3 所示电路与图 2.5.2 所示电路的区别只是网孔 2 的边缘含有一个电流源，且该电流源电流的参考方向与假设的网孔电流 I_{m2} 的参考方向是一致的。显然，

$$I_{m2} = I_s = 1.5 A$$

现在只需列写网孔 1 的网孔方程求解 I_{m1}：

$$(3 + 6 + 1) I_{m1} - 6 I_{m2} = 5 - 9$$

代入 I_{m2}，解得　　　　　　　　　$I_{m1} = 0.5 A$

故得：　　　　　　$I_1 = I_{m1} = 0.5(A)$，$I_2 = I_{m1} - I_{m2} = -1(A)$

由此可见，电路中含有的电流源若位于某一网孔的边缘，则该网孔的网孔电流就可以假设为电流源的电流，从而少列写一个方程。

【例 2-5-3】如图 2.5.4 所示，求 U_1。

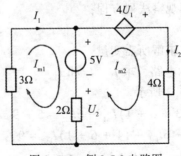

图 2.5.4　例 2-5-3 电路图

解：运用网孔分析法求解电路，当电路中含受控源时，可先把受控源当作独立源，再把受控源的控制量用网孔电流表示，网孔方程为：

网孔1：　　　　　　　　　　$(3 + 2)I_{m1} - 2I_{m2} = -5$

网孔2：　　　　　　　　　　$-2I_{m1} + (2 + 4)I_{m2} = 5 + 4U_1$

控制量方程：　　　　　　　　$U_1 = 2(I_{m1} - I_{m2})$

联立方程组，解得　　　　　　$I_{m1} = -1.2\text{A}，I_{m2} = -0.5\text{A}$

故　　　　　　　　　　　　　$U_1 = 2(I_{m1} - I_{m2}) = -1.4\text{V}$

【思考题】

如果电路中含有的电流源位于网孔之间的公共支路上，如何运用网孔分析法求解电路？

2.6　节点分析法

对于一个具有 b 条支路、n 个节点的电路，独立的 $n-1$ 个节点对应的 KCL 方程更易于列写。节点分析法就是以电路中的 $n-1$ 个节点的电位为未知量，联立 KCL 方程组进行求解电路的方法。节点分析法不仅适用于平面电路，亦适用于非平面电路。

2.6.1　节点电压

在电路中任意选一个节点作为参考节点，则其他节点就都是独立节点。任一独立节点到参考点的电压称为该节点的电位，又称节点电压，用 v_n 表示。参考点的电位为零，用"⊥"表示，显然电路中只可以有一个参考点。如图 2.6.1 所示电路，共有 4 个节点，选择节点 4 为参考点，其余 3 个节点的节点电压分别记为 v_1、v_2 和 v_3。

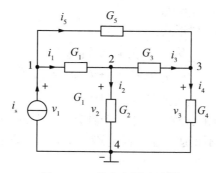

图 2.6.1　节点电压法示例

支路电流和节点电压之间的关系为：

$$\begin{cases} i_1 = G_1(v_1 - v_2) \\ i_2 = G_2 v_2 \\ i_3 = G_3(v_2 - v_3) \\ i_4 = G_4 v_3 \\ i_5 = G_5(v_1 - v_3) \\ i_6 = i_s \end{cases}$$

显然，各支路电流均可由节点电位表达，说明节点电位是完备的。也就是说，若节点电压已全部求解，则各条支路电流便可以求解，各个元件的电压亦可求解。

由于每一个节点电压是相对于同一个参考点定义的，在任一回路中，其代数和恒等于零，自动满足 KVL 方程。以图 2.6.1 中回路 1241 为例，对应的节点电压表示的 KVL 方程是 $v_1 - v_2 + v_2 - v_1 = 0$。即不论节点电压为何值，上式恒等于零。

2.6.2　节点方程

由上述分析可知，只需利用节点电压联立电路的 KCL 方程，得到以节点电压为变量的方程组，称为节点方程。利用节点电压联立节点 1、2、3 的 KCL 方程，整理后的节点方程为：

$$\begin{cases} (G_1 + G_5)v_1 - G_1 v_2 - G_5 v_3 = i_s \\ -G_1 v_1 + (G_1 + G_2 + G_3)v_2 - G_3 v_3 = 0 \\ -G_5 v_1 - G_3 v_2 + (G_3 + G_4 + G_5)v_3 = 0 \end{cases} \tag{2-6-1}$$

现在，我们将式(2-6-1)里的相关参数命名。

(1)自导：电路中与各个独立节点相连的支路上所有电导(电阻的倒数)的总和，自导一定为正。记为 $G_{11} = G_1 + G_5$，$G_{22} = G_1 + G_2 + G_3$，$G_{33} = G_3 + G_4 + G_5$。

(2)互导：电路中某个独立节点与另一个独立节点相连的电导，互导一定为负。记为 $G_{12} = G_{21} = -G_1$，$G_{13} = G_{31} = -G_5$，$G_{23} = G_{32} = -G_3$。

(3)输送给各节点的电流源的代数和：流入该节点的电流源为正，流出该节点的电流源为负。记为 $i_{s11} = i_s$，$i_{s22} = i_{s33} = 0$。

由此，可得节点方程的一般形式：

$$\begin{cases} G_{11} v_1 + G_{12} v_2 + G_{13} v_3 = i_{s11} \\ G_{21} v_1 + G_{22} v_2 + G_{23} v_3 = i_{s22} \\ G_{31} v_1 + G_{32} v_2 + G_{33} v_3 = i_{s33} \end{cases} \tag{2-6-2}$$

节点方程的实质就是 KCL 方程，对于一个具有 b 条支路、n 个节点的电路，需要联立的方程数目是 $(n-1)$ 个。它不仅适用于平面电路，还适用于非平面电路。

2.6.3　节点分析法的应用

应用节点电压法解题的一般步骤如下：

(1)选参考节点，标明其余 $n-1$ 个节点的电位；

(2)对除参考节点之外的 $n-1$ 个独立节点，依据节点方程的规律用观察法列方程；

(3)解方程求得节点电位；

(4)应用欧姆定律和 KVL 方程，求各支路电流。

【例 2-6-1】如图 2.6.2 所示，求 V_1 和 V_2。

解：对节点 1、2 分别列节点方程。

节点 1：$\qquad\left(1+\dfrac{1}{2}\right)V_1 - 1 \times V_2 = 1 + 2$

节点 2：$\qquad -1 \times V_1 + (1+1)V_2 = -2$

联立方程解得 $\qquad V_1 = 2\,(\mathrm{V})\,,\ V_2 = 0\,(\mathrm{V})$

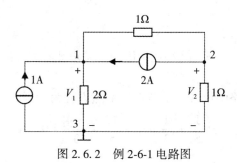

图 2.6.2　例 2-6-1 电路图

【例 2-6-2】如图 2.6.3 所示，求 V_2。

解：电路中取节点 4 为参考点，则 $V_1 = 20\mathrm{V}$，$V_3 = 10\mathrm{V}$，这样，就只需列出节点 2 的节点方程：

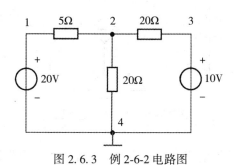

图 2.6.3　例 2-6-2 电路图

$$\left(\frac{1}{5} + \frac{1}{20} + \frac{1}{20}\right)V_2 - \frac{1}{5}V_1 - \frac{1}{20}V_3 = 0$$

解得 $V_2 = 15\,(\mathrm{V})$。

由此例可知，若电路中含有理想的电压源，选择电压源的"−"端为参考点，补充另一端节点，则补充节点的电位就等于电压源的电压。

第 1 章中介绍过，电子电路有一种习惯画法，即：电压源不画符号，而改为标出其极性及电压数值。如图 2.6.4 所示，+12V 说明比参考点电位高 12V，−4V 说明比参考点电位低 4V。这种画法简单明了，我们应该熟悉它。

【例 2-6-3】如图 2.6.4 所示，求 V_1。

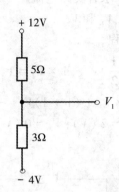

图 2.6.4   例 2-6-3 电路图

解：图 2.6.4 所示电路中仅含一个节点，节点方程为

$$\left(\frac{1}{5} + \frac{1}{3}\right)V_1 - \frac{12}{5} - \frac{-4}{3} = 0$$

解得，$V_1 = 2\,(\text{V})$。

【例 2-6-4】如图 2.6.5 所示，求 V_2。

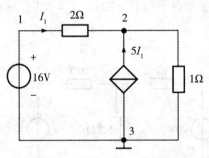

图 2.6.5   例 2-6-4 电路图

解：运用节点分析法求解电路，当电路中含受控源时，可先把受控源当作独立源，再把受控源的控制量用节点电压表示，节点方程为：

节点 1： $V_1 = 16$

节点 2： $-\frac{1}{2}V_1 + \left(\frac{1}{2} + 1\right)V_2 = 5I_1$

控制量方程： $I_1 = \frac{1}{2}(V_1 - V_2)$

联立方程解得 $V_2 = 12\,(\text{V})$

2.7 戴维南定理与测试

在电路分析时，有时并不需要把所有支路电压和支路电流都求出来，而是只对某一特定支路的电压或电流感兴趣。在这种情况下，用前面的分析方法和定理来计算就很复杂。如果可以将断开支路之后的二端网络等效为最简的串联支路或并联支路，就能快速、直接写出其端口电压电流关系，问题也就会变得非常简单。戴维南定理和诺顿定理就提供了线性含源二端网络的等效方法，是本章的学习重点。

2.7.1 戴维南定理

戴维南定理：线性含源二端网络 N，不论其结构如何复杂，对于外电路来说，如图 2.7.1(a)所示，可以用一个实际电压源模型来等效。电压源的电压等于该网络 N 的开路电压 u_{oc}，如图 2.7.1(b)所示。内阻 R_0 等于该网络 N 中所有的独立源均为零值后，所得无源二端网络 N_0 的等效电阻 R_{ab}（电压源置零用短路代替，电流源置零用开路代替），如图 2.7.1(c)所示。

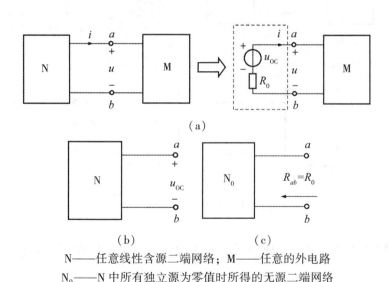

（a）

N——任意线性含源二端网络；M——任意的外电路
N_0——N 中所有独立源为零值时所得的无源二端网络

图 2.7.1 戴维南定理

线性含源二端网络 N 的 ab 端电压电流关系为：

$$u = u_{oc} - R_0 i \qquad (2\text{-}7\text{-}1)$$

电压源串联电阻支路称为戴维南等效电路，其中，串联电阻在电子电路中有时也称为"输出电阻"，记为 R_o。

2.7.2　诺顿定理

诺顿定理：线性含源二端网络 N，不论其结构如何复杂，对于外电路来说，如图 2.7.2(a) 所示，可以用一个实际电流源模型来等效。电流源的电流等于该网络 N 的短路电流 i_{sc}，如图 2.7.2(b) 所示。内阻 R_0 等于该网络 N 中所有的独立源均为零值后，所得无源二端网络 N_0 的等效电阻 R_{ab}（电压源置零用短路代替，电流源置零用开路代替），如图 2.7.2(c) 所示。线性含源二端网络 N 的 ab 端的电压电流关系为：

$$i = i_{sc} - u/R_0 \tag{2-7-2}$$

电流源并联电阻支路称为诺顿等效电路。由实际电源的等效可知，若线性含源二端网络 N 既可以等效为诺顿等效电路，也可以等效为戴维南等效电路时，R_0 值是相同的，且满足以下关系：

$$i_{sc} = u_{oc}/R_0 \tag{2-7-3}$$

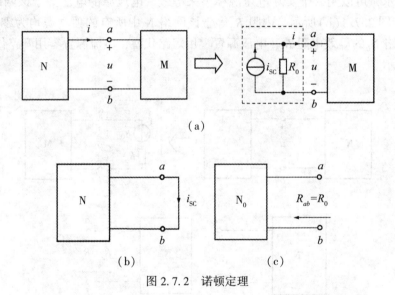

图 2.7.2　诺顿定理

【例 2-7-1】绘出图 2.7.3(a) 所示电路的戴维南等效电路和诺顿等效电路。

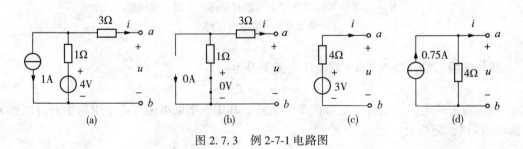

图 2.7.3　例 2-7-1 电路图

解：(1)求开路电压 U_{oc}，即端口的电流 i 等于零时端口的电压 u。故

$$U_{oc} = -1 \times 1 + 4 = 3(\text{V})$$

(2)求内阻 R_0，即二端网络中所有的独立源均为零值时所得无源二端网络的等效电阻 R_{ab}，如图 2.7.3(b)所示。故

$$R_0 = R_{ab} = 3 + 1 = 4(\Omega)$$

(3)绘出图 2.7.3(a)所示电路的戴维南等效电路，如图 2.7.3(c)所示。

(4)求短路电流 I_{sc}：

$$I_{sc} = U_{oc}/R_0 = 3/4 = 0.75(\text{A})$$

(5)绘出图 2.7.3(a)所示电路的诺顿等效电路，如图 2.7.3(d)所示。

2.7.3　戴维南定理的应用

应用戴维南定理可对线性含源二端网络进行等效化简，化简的关键就是正确理解和求出含源二端网络的开路电压和等效电阻。其步骤如下：

(1)将电路分为两部分，分别为待求支路和除去待求支路后的其余部分(含源二端网络)；

(2)断开待求支路，求出含源二端网络的开路电压 u_{oc}；

(3)将含源二端网络内的独立源全部置零值，求所得无源二端网络 N_0 的等效电阻 R_0；

(4)画出含源二端网络的戴维南等效电路；

(5)接入待求支路，此时，可以方便地求解待求支路电流或支路电压。

【例 2-7-2】如图 2.7.4(a)所示，求 I。

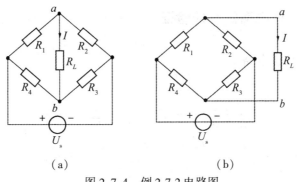

(a)　　　　　　　　　　　(b)

图 2.7.4　例 2-7-2 电路图

解：(1)将图 2.7.4(a)改画成图(b)的形式。断开 R_L 支路，先求其余部分的戴维南等效电路。

(2)为了避免出错，将断开后的二端网络画成图 2.7.5(a)的形式，由此可得：

$$U_{oc} = U_{R_2} - U_{R_3} = \frac{R_2}{R_1 + R_2}U_s - \frac{R_3}{R_3 + R_4}U_s = \frac{R_2 R_4 - R_1 R_3}{(R_1 + R_2)(R_3 + R_4)}U_s$$

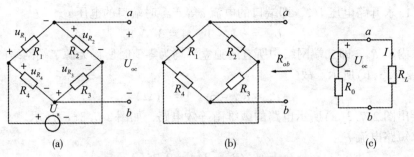

图 2.7.5　运用戴维南定理求解电路图

（3）将图 2.7.5（a）中的电压源置零得到无源二端网络如图 2.7.5（b）所示，故

$$R_0 = R_{ab} = R_1 /\!/ R_2 + R_3 /\!/ R_4 = \frac{R_1 R_2}{R_1 + R_2} + \frac{R_3 R_4}{R_3 + R_4}$$

（4）画出戴维南等效电路，并接入待求支路，如图 2.7.5（c）所示。

（5）待求电流为

$$I = \frac{U_{oc}}{R_0 + R_L}$$

$$= \frac{R_2 R_4 - R_1 R_3}{R_1 R_2 (R_3 + R_4) + R_3 R_4 (R_1 + R_2) + R_L (R_1 + R_2)(R_3 + R_4)} U_S$$

若 $I = 0$，则得到电桥平衡的条件为：

$$R_2 R_4 = R_1 R_3 \qquad\qquad (2\text{-}7\text{-}4)$$

即相对臂电阻的乘积相等。

2.7.4　技能训练　戴维南定理的验证

按图 2.7.6 所示连接电路。

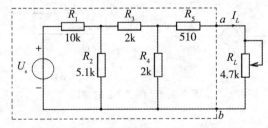

图 2.7.6　线性有源二端网络等效参数测试电路

（1）测量线性有源二端网络的 U-I 外特性，并确定两种等效电路的参数。

取 $U_S = 15\text{V}$，逐渐改变 R_L 的阻值，分别测出 ab 两端的电压 U_{ab} 与对应的输出电流 I_L，测试数据记入表 2-7-1 中，并根据测试数据描绘实验电路的 U-I 外特性曲线，计算参数 R_0、U_{oc} 及 I_{sc}。

表 2-7-1	线性有源二端网络的 $U\text{-}I$ 外特性测试							
$U_{ab}(\mathrm{V})$								
$I_L(\mathrm{mA})$								
$R_L(\mathrm{k\Omega})$								

（2）测量含电压源的等效电路的 $U\text{-}I$ 特性。

根据实验内容（1）测试所得的 R_0、U_{oc}，用稳压电源和可变电阻组成如图 2.7.7 所示的等效电路，然后按照实验内容（1）所选取的 R_L 值测量各相应的电流、电压值，测试数据记入表 2-7-2 中。

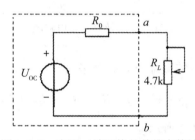

图 2.7.7　有源二端网络的戴维南等效

表 2-7-2	有源二端网络戴维南等效电路的 $U\text{-}I$ 外特性测试							
$U_{ab}(\mathrm{V})$								
$I_L(\mathrm{mA})$								
$R_L(\mathrm{k\Omega})$								

根据实验结果，绘出 $U\text{-}I$ 外特性曲线，验证戴维南定理和诺顿定理的正确性，并分析产生误差的原因。将（1）测得的 U_{oc}、R_0 与电路计算的结果作比较，你能得出什么结论？

【思考题】

（1）试述含源线性二端网络同时测量与分别测量的测量步骤、优缺点及其适用情况。

（2）直接测量只含独立源的二端口网络的等效内阻 R_0 时，应将含源网络中独立源置零，在实验中如何实施？

（3）在求戴维南或诺顿等效电路时，作短路试验测 I_{sc} 的条件是什么？在本实验中可否直接作负载短路实验？

（4）说出测有源二端网络开路电压及等效内阻的几种方法，并比较其优缺点。

2.8　最大功率传输定理

给定一个线性含源二端网络，接在它两端的负载电阻不同，从二端网络传递给负载的功率也不同。负载为何值时，可以获得最大功率呢？现在通过一个例子来讨论这个问题。

【例 2-8-1】如图 2.8.1 所示，求（1）当负载 $R_L = 15\Omega$ 时获得的功率；（2）当负载 $R_L = 20\Omega$ 时获得的功率；（3）当负载 $R_L = 30\Omega$ 时获得的功率；（4）当负载 $R_L = 60\Omega$ 时获得的功率。

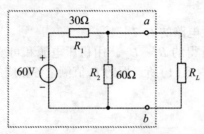

图 2.8.1   例 2-8-1 电路图

解：先求虚框中二端网络的戴维南等效电路，

$$U_{oc} = 60 \times \frac{30}{30 + 60} = 40(\text{V}) \, , \quad R_0 = R_1 \, /\!/ \, R_2 = 30 \, /\!/ \, 60 = 20(\Omega)$$

戴维南等效电路如图 2.8.2 所示。

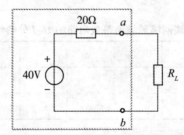

图 2.8.2   例 2-8-1 戴维南等效电路图

（1）当负载 $R_L = 15\Omega$ 时

$$U = 40 \times \frac{15}{20 + 15} \approx 17.1(\text{V})$$

$$P_L = \frac{U^2}{R_L} = \frac{17.1^2}{15} \approx 19.5(\text{W})$$

（2）当负载 $R_L = 20\Omega$ 时

$$U = 40 \times \frac{20}{20 + 20} = 20(\text{V})$$

$$P_L = \frac{U^2}{R_L} = \frac{20^2}{20} = 20(\text{W})$$

（3）当负载 $R_L = 30\Omega$ 时，

$$U = 40 \times \frac{30}{20 + 30} = 24(\text{V})$$

$$P_L = \frac{U^2}{R_L} = \frac{24^2}{30} = 19.2(\text{W})$$

（4）当负载 $R_L = 60\Omega$ 时

$$U = 40 \times \frac{60}{20 + 60} = 30(\text{V})$$

$$P_L = \frac{U^2}{R_L} = \frac{30^2}{60} = 15(\text{W})$$

在这个例子中，负载电阻由小到大变化，所获得的功率会按照由小到大又到小的规律变化，当负载电阻与含源线性二端网络的戴维南（或诺顿）等效电阻相等时，所获得的功率最大。

因此，给定一个含源线性二端网络，传递给可变负载 R_L 的功率，仅当负载满足 $R_L = R_0$ 时获得的功率最大，最大功率为

$$P_{L\max} = \frac{U_{\text{oc}}^2}{4R_0} = \frac{1}{4}I_{\text{sc}}^2 R_0 \tag{2-8-1}$$

这就是线性含源二端网络最大功率传输定理。

注意：最大功率传递定理是在负载 R_L 可变的情况下得出的，如果 R_0 可变而 R_L 固定，应使 R_0 尽量小，才能使负载获得的功率增大。显然，$R_0 = 0$ 时，负载获得的功率最大。在例题中 $R_0 = R_1 /\!/ R_2$，如果 R_L 固定不变，应使 R_0 尽量小，也就使 R_1 尽量小、R_2 尽量大，才能使负载 R_L 获得的功率增大。

2.9 叠加定理与测试

在由线性元件和独立电源组成的线性电路中，每一元件的参数不会随电流或电压的变化而变化。在含多个独立电源的线性电路中，任意一条支路的电压或电流与各个独立电源之间有何关系呢？

【例 2-9-1】 如图 2.9.1 所示电路，试写出支路电流 i_1 和 i_2 与电压源及电流源的关系。

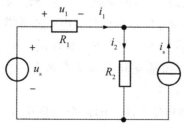

图 2.9.1　例 2-9-1 电路图

解：KCL 方程：$i_1 - i_2 + i_s = 0$

KVL 方程：$R_1 i_1 + R_2 i_2 = u_s$

联立方程组，解得，$i_1 = \dfrac{1}{R_1 + R_2} u_s + \dfrac{-R_2}{R_1 + R_2} i_s$

$$i_2 = \dfrac{1}{R_1 + R_2} u_s + \dfrac{R_1}{R_1 + R_2} i_s$$

可以看到，每个支路电流都由两项组成，而每一项又只与某一个独立电源成比例关系，并且该项就是电路在该独立电源单独作用时所产生的。例如支路电流 i_1 的第一项就是在 $i_s = 0$、u_s 单独作用时所产生的；第二项则是在 $u_s = 0$、i_s 单独作用时所产生的。也就是说，线性电路具有"叠加性"。

2.9.1　叠加定理

线性电路的叠加定理：在多个独立电源同时作用的线性电路中，任何支路的电流（或任意两点间的电压），都是各个电源单独作用时在此支路（或此两点间）所产生的电流（或电压）的代数和。

需要注意以下三点：

(1)某一独立电源单独作用时，其他独立电源必须为零值。电压源置零用短路代替，电流源置零用开路代替。无论在计算每个电源单独作用时还是叠加时，每个量的参考方向，一旦选定不宜变动，方向或极性不同时要注意求代数和。

(2)叠加定理只适用于线性电路，并且受控源不可单独作用。

(3)功率不可直接用叠加定理计算。因为功率是电压或电流的二次函数，不是线性关系，所以不能直接叠加。

2.9.2　叠加定理的应用

叠加定理可将含多个电源作用的较复杂的电路分解成多个简单的分电路，一一求解后，再把结果取代数和。具体步骤如下：

(1)绘出每一个独立源单独作用时的电路图。电路结构和参数保持不变，只是将其他不作用的独立源置零，电压源置零用短路代替，电流源置零用开路代替。

(2)为了方便后续叠加计算，各分电路图中标注的电流参考方向或电压参考极性保持不变，但需要标注分量标识，如某支路电流 i 在各分电路图中的标注为 i'、i''、i'''，等等。

(3)由于采用步骤(2)中的标注方法，即每个分量求解时，参考方向或参考极性是一致的，故结果可由每个分量直接求和即可。

【例 2-9-2】如图 2.9.2 所示电路，求支路电流 I。

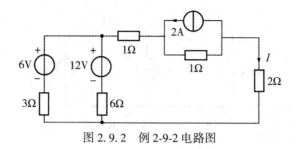

图 2.9.2　例 2-9-2 电路图

解：根据叠加定理，绘出每个独立源单独作用时的电路图，如图 2.9.3(a)、(b)、(c)所示。

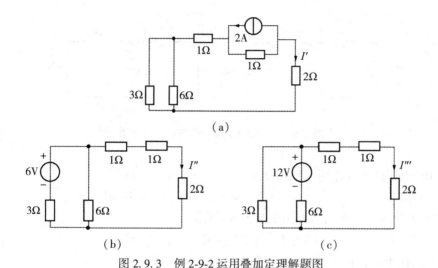

图 2.9.3　例 2-9-2 运用叠加定理解题图

(1)2A 电流源单独作用时如图 2.9.3(a)所示，运用分流公式可求得

$$I' = -2 \times \frac{1}{1 + (1 + 3 /\!/ 6 + 2)} = -\frac{1}{3}(A)$$

(2)6V 电压源单独作用时如图 2.9.3(b)所示，运用分流公式可求得

$$I'' = \frac{6}{3 + 6 /\!/ (1 + 1 + 2)} \times \frac{6}{6 + (1 + 1 + 2)} = \frac{2}{3}(A)$$

(3)12V 电压源单独作用时如图 2.9.3(c)所示，运用分流公式可求得

$$I''' = \frac{12}{6 + 3 /\!/ (1 + 1 + 2)} \times \frac{3}{3 + (1 + 1 + 2)} = \frac{2}{3}(A)$$

(4)共同作用，直接求和可得

$$I = I' + I'' + I''' = -\frac{1}{3} + \frac{2}{3} + \frac{2}{3} = 1(A)$$

【例 2-9-3】如图 2.9.4 所示电路，求支路电流 I_x。

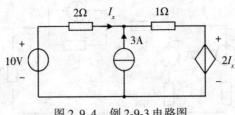

图 2.9.4　例 2-9-3 电路图

解：运用叠加定理求解电路，当电路中含受控源时，不能将受控源当作独立源，即不能单独作用，应和电阻一样，保留在电路内，控制量改变时，受控量应随之改变。

绘出每个独立源单独作用时的电路图，如图 2.9.5(a)、(b)所示。

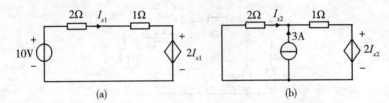

图 2.9.5　例 2-9-3 运用叠加定理解题图

(1)10V 电压源单独作用时如图 2.9.5(a)所示，有
$$(2 + 1)I_{x1} + 2I_{x1} = 10, \quad 解得 I_{x1} = 2(A)$$
(2)3A 电流源单独作用时如图 2.9.5(b)所示，有
$$2I_{x2} + 1(3 - I_{x2}) + 2I_{x2} = 0, \quad 解得 I_{x2} = -1(A)$$
(3)共同作用时，直接求和可得，$I_x = I_{x1} + I_{x2} = 1(A)$

2.9.3　技能训练　叠加定理的验证

按图 2.9.6 所示连接电路。将两路直流稳压源的输出分别调节为 $U_1 = 12V$、$U_2 = 6V$。

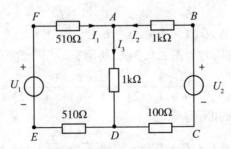

图 2.9.6　叠加定理验证实验参考电路

(1)令 U_1 电源单独作用($U_2 = 0V$)，用万用表直流电压挡和电流挡分别测量各支路电

流及各电阻元件两端的电压，数据记入表2-9-1中。

表 2-9-1　　　　　　　　　　　　　　　　叠加定理验证

	$U_1(V)$	$U_2(V)$	$I_1(mA)$	$I_2(mA)$	$I_3(mA)$	$U_{AB}(V)$	$U_{CD}(V)$	$U_{AD}(V)$	$U_{DE}(V)$	$U_{FA}(V)$
U_1单独作用										
U_2单独作用										
U_1、U_2 共同作用										
$2U_2$ 单独作用										

(2)令 U_2 电源单独作用($U_1 = 0V$)，重复实验步骤(1)的测量和记录，数据记入表 2-9-1。

(3)令 U_1 和 U_2 共同作用，重复实验步骤(1)的测量和记录，数据记入表 2-9-1。

(4)将 U_2 的数值调至 $2U_2$(即 $U_2 = +12V$)，重复实验步骤(1)的测量和记录，数据记入表 2-9-1。

各电阻器所消耗的功率能否用叠加原理计算得出？试用上述实验数据，进行计算并作结论。

习　　题

2.1　判断题

(1)电阻值为 20Ω 和 10Ω 的两个电阻串联，因电阻小对电流的阻碍作用小，故通过 10Ω 的电流比 20Ω 的电流大。(　　)

(2)一条马路上的路灯总是同时亮，同时灭，因此这些灯都是串联接入电网的。(　　)

(3)在闭合电路中，负载电阻增大，其端电压将增大。(　　)

(4)通常照明电路中灯开得越多，总的负载电阻就越大。(　　)

(5)应用基尔霍夫电流定律列写某节点电流方程时，与各支路元件的性质有关。(　　)

(6)基尔霍夫定律不仅适用于线性电路，亦适用于非线性电路。(　　)

(7)基尔霍夫电压定律只与元件的相互连接方式有关，与元件的性质无关。(　　)

(8)在支路电流法中，用基尔霍夫电流定律列节点电流方程时，若电路有 n 个节点，则一定要列出 n 个方程。(　　)

(9)任何一个含源二端网络，都可以用一个电压源模型来等效。(　　)

(10)用戴维南定理对线性二端网络进行等效时，仅对外电路等效，而对网络内电路是不等效的。(　　)

（11）理想电压源和理想电流源之间也能等效交换。（　　　）

（12）理想电流源的输出电流和电压都是恒定的，是不随负载而变化的。（　　）

（13）电路中参考点改变，各点的电位也随之改变。（　　）

（14）如果电源被短路，输出的电流最大，此时电源输出的功率也最大。（　　　）

（15）电路中任一网孔都是回路。（　　　）

（16）在复杂电路中有几个回路就可以列出几个独立的电压方程。（　　　）

（17）叠加定理仅适用于线性电路，对非线性电路则不适用。（　　　）

（18）叠加定理不仅能叠加线性电路中的电压和电流，也能对功率进行叠加。（　　）

2.2　选择题

（1）线性含源两端网络，若负载电阻增大，端电压的绝对值将（　　　）。

(a)增大　　　　　　(b)减小　　　　　　(c)不变　　　　　　(d)无法确定

（2）如题 2.2(2)图所示电路中的 R_1 增大而其他条件不变时，a、b 两点的电压（　　　）。

(a)增大　　　　　　(b)减小　　　　　　(c)不变　　　　　　(d)无法确定

題 2.2(2)图　　　　　　　　　題 2.2(3)图

（3）如题 2.2(3)图所示电路中电源输出最大功率时，电阻的值为（　　　）。

(a)2Ω　　　　　　(b)3Ω　　　　　　(c)6Ω　　　　　　(d)9Ω

（4）将 $R_1>R_2>R_3$ 的三只电阻串联，然后接在电压为 U 的电源上，获得功率最大的电阻是（　　　）。

(a)R_1　　　　　　(b)R_2　　　　　　(c)R_3　　　　　　(d)不能确定

（5）将 $R_1>R_2>R_3$ 的三只电阻并联，然后接在电压为 U 的电源上，获得功率最大的电阻是（　　　）。

(a)R_1　　　　　　(b)R_2　　　　　　(c)R_3　　　　　　(d)不能确定

（6）一个额定值为 220V、40W 的白炽灯与一个额定值为 220V、60W 的白炽灯串联在 220V 电源上，则（　　　）。

(a)40W 灯较亮　　　(b)60W 灯较亮　　　(c)两灯亮度相同　　　(d)不能确定

（7）两个阻值相同的电阻，串联时的等效电阻与并联时的等效电阻之比是（　　　）。

(a)2∶1　　　　　　(b)1∶2　　　　　　(c)4∶1　　　　　　(d)1∶4

（8）某电路有 3 个节点和 7 条支路，采用支路电流法求解各支路电流时应列出电流方程和电压方程的个数分别为(　　)。

(a)3、4　　　　　(b)3、7　　　　　(c)2、5　　　　　(d)2、6

(9)如题2.2(9)图所示电路，a 点电位为(　　)。

(a)0V　　　　　(b)-2V　　　　　(c)-4V　　　　　(d)-6V

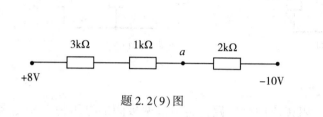

题2.2(9)图

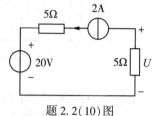

题2.2(10)图

(10)如题2.2(10)图所示电路，电压 U 等于(　　)。

(a)-10V　　　　　(b)-5V　　　　　(c)5V　　　　　(d)10V

2.3　填空题

(1)如题2.3(1)图所示电路，电压 $U_{ab}=$ ＿＿＿＿＿＿V。

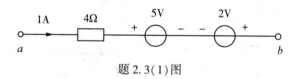

题2.3(1)图

(2)如题2.3(2)图所示电路，a、b 两点间的等效电阻 R_{ab} 为＿＿＿＿＿＿Ω。

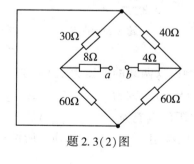

题2.3(2)图

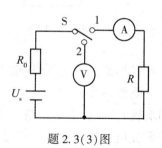

题2.3(3)图

(3)如题2.3(3)图所示电路，当开关S扳向"2"时，电压表计数为6.3V；当开关S扳向"1"时，电流表计数为 3A，R 为 2Ω，则 U_s 为＿＿＿＿＿＿V，电源内阻 R_0 为＿＿＿＿＿＿Ω。

(4)一个具有 b 条支路、n 个节点(b>n)的复杂电路，在用支路电流法求解时，需要列出＿＿＿＿＿＿个方程式来联立求解，其中＿＿＿＿＿＿个为 KCL 方程式，＿＿＿＿＿＿个为 KVL 方程式。

(5) 如题 2.3(5) 图所示电路，U_x 等于 _____ V。

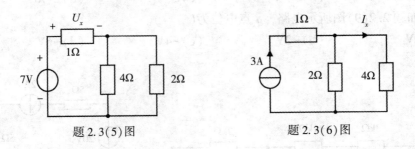

题 2.3(5) 图   题 2.3(6) 图

(6) 如题 2.3(6) 图所示电路，I_x 等于 _____ A。

(7) 2V 的实际电源与 9Ω 的电阻接成闭合电路，若电源两极间的电压为 1.8V，则此时电路中的电流为 _____ A，电源内阻为 _____ Ω。

(8) 两个并联电阻，其中 $R_1 = 200Ω$，通过 R_1 的电流 $I_1 = 0.2A$，通过整个并联电路的电流为 $I = 0.8A$，则 $R_2 =$ _____ Ω，通过 R_2 的电流 $I_2 =$ _____ A。

(9) 如题 2.3(9) 图所示电路，$V_a =$ _____ V，$V_b =$ _____ V，$V_c =$ _____ V。

(10) 如题 2.3(10) 图所示电路，其戴维南等效电路中的参数，R_0 为 _____ Ω，U_{oc} 为 _____ V。

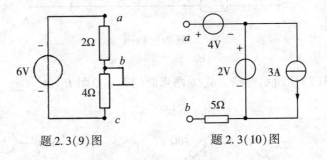

题 2.3(9) 图   题 2.3(10) 图

(11) 某一线性网络，当其两端开路时，测得这两端的电压为 10V；当这两端短接时，通过短路线上的电流是 2A，则该网络等效电路的参数为 _____ Ω，_____ V。若在该网络两端接上 5Ω 的电阻，则通过该电阻的电流为 _____ A。

(12) 所谓独立电压源不作用，就是该电压源用 _____ 替换；所谓独立电流源不作用，就是该电流源用 _____ 替换。

2.4 如题 2.4 图所示电路，求 U_0 的变化范围。

2.5 如题 2.5 图所示电路，有两个量程的电压表，当使用 a、b 两端点时，量程为 10V，当使用 a、c 两端点时，量程为 100V，已知表的内阻 R_g 为 500Ω，满偏电流 I_g 为 1mA，求分压电阻 R_1 和 R_2 的值。

2.6 如题 2.6 图所示电路，求其最简等效电路。

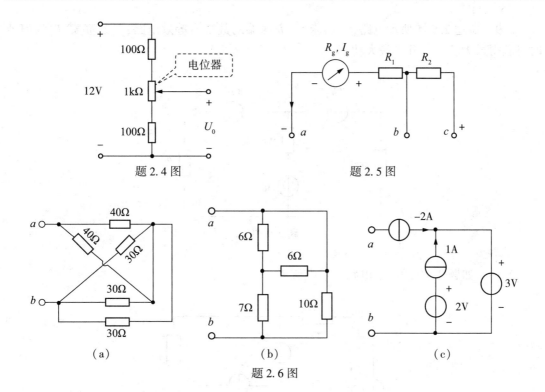

题 2.4 图　　　　题 2.5 图

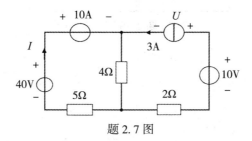

（a）　　　（b）　　　（c）

题 2.6 图

2.7　如题 2.7 图所示电路，求电路中的 U 和 I。

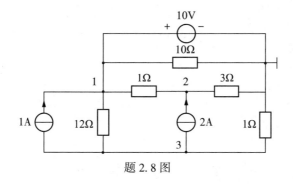

题 2.7 图

2.8　如题 2.8 图所示电路，求各电源的功率。

题 2.8 图

2.9 如题 2.9 图所示电路, (1)求 a、b 两端的戴维南等效电路; (2)负载 R_L 为何值时可获得最大功率, 并求最大功率。

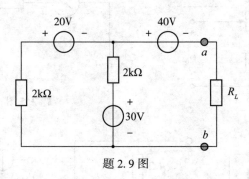

题 2.9 图

2.10 如题 2.10 图所示电路, 求电流 I。

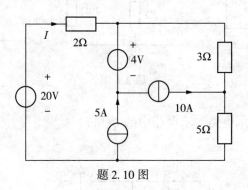

题 2.10 图

第3章 电路的过渡过程与测试

前面分析的电路中所包含的无源元件只有电阻,所有传递给电阻的能量都被其吸收并消耗了。实际上,许多实际应用电路中还包含着这样的无源电路元件——电容元件和电感元件,当能量传递给它们时并不会被消耗,而是以某种形式存储起来,当然它们存储的能量也能释放。电容元件和电感元件在电路分析和设计中十分重要,其特性和电阻完全不同,尤其当电路中的电压或电流发生变化时,它们的特性更能凸显出来。本章将重点介绍电容元件和电感元件的特性以及含电容和电感的电路在换路时所产生的过渡过程的变化规律。

3.1 动态元件

3.1.1 电容元件

各种常用的电容器如图 3.1.1 所示。电容器在各种电子产品和电力设备中有着广泛的应用,电容元件是实际电容器的理想化模型。

1. 电容器的构成原理

任何两个彼此绝缘而又互相靠近的导体,都可以看成一个电容器,这两个导体就是电容器的两个极。由被电介质隔开的两电极构成的部件称为电容器元件。

以最简单的电容器即平行板电容器为例,如图 3.1.2 所示,如果将其两个极板分别接到电压为 U 的直流电源两端,它总是一极带正电荷,另一极带等量的负电荷。使电容器带电的过程称为充电,充了电的电容器的两极板之间就形成了电场。当电源撤去后,这些电荷依靠电场力的作用相互吸引,而又因介质绝缘不能中和,因而极板上的电荷能长久地储存下来。因此电容器是一种能储存电荷的器件,也可以说电容器是一种能够储存电场能量的器件。

充电后的电容器如果两极接上电阻,就会失去电荷,这个过程称为放电。放电后,两极板之间不再有电场。

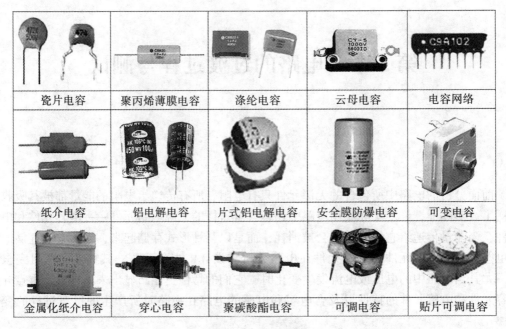

瓷片电容	聚丙烯薄膜电容	涤纶电容	云母电容	电容网络
纸介电容	铝电解电容	片式铝电解电容	安全膜防爆电容	可变电容
金属化纸介电容	穿心电容	聚碳酸酯电容	可调电容	贴片可调电容

图 3.1.1　常用电容器示例

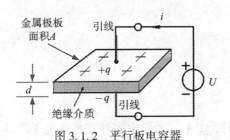

图 3.1.2　平行板电容器

正因为电容器存在充电和放电，和电阻器相比较，它的主要特性和在电路中所起作用有着很大的不同，而且比电阻器复杂得多。掌握电容在电路中的工作原理，对分析电容器电路有着举足轻重的作用。

2. 电容量

电容器所带的电荷量与它的两极板间的电压的比值，表征了电容器的特性，这个比值称为电容器的电容量，简称电容，用 C 表示。如果用 q 表示电容器所带的电荷量，用 U 表示它两极板间的电压，那么

$$C = \frac{q}{U} \tag{3-1-1}$$

式中，C 的单位为法拉（F），简称法；q 的单位为库仑（C）；U 的单位是伏特（V）。

实际上常用较小的电容单位微法（μF）和皮法（pF），它们之间的换算关系是：

$$1F = 10^6 \mu F = 10^{12} pF \tag{3-1-2}$$

3. 电容的伏安关系

在关联参考方向下，电容元件的电路符号如图 3.1.3 所示，

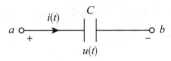

图 3.1.3　电容的符号

电容元件的伏安特性表达式为：

$$i(t) = C \frac{\mathrm{d}u(t)}{\mathrm{d}t} \tag{3-1-3}$$

$$
\begin{aligned}
u(t) &= \frac{1}{C} \int_{-\infty}^{t} i(\lambda) \mathrm{d}\lambda \\
&= \frac{1}{C} \int_{-\infty}^{0} i(\lambda) \mathrm{d}\lambda + \frac{1}{C} \int_{0}^{t} i(\lambda) \mathrm{d}\lambda \\
&= u(0) + \frac{1}{C} \int_{0}^{t} i(\lambda) \mathrm{d}\lambda
\end{aligned}
\tag{3-1-4}
$$

由式(3-1-3)可知，任一时刻通过电容的电流大小和方向不是取决于该时刻电容两端电压的大小，而是取决于该时刻电容两端电压的变化率。电压变化率越大，电流就越大。电压变化率大于零，电容器极板上电荷增多，电容器充电；电压变化率小于零，电容器极板上电荷减少，电容器放电。若电容电压变化率恒等于零，则电容的电流恒为零，说明电容器充电或放电过程结束，达到稳态，此时电容相当于开路。

由式(3-1-4)可知，某一时刻电容电压的数值并不取决于该时刻的电流值，而是与电流的全部过去历史有关。我们研究问题总有一个起点，即总有一个初始时刻。假设初始时刻 $t=0$，那么电容的初始电压 $u(0)$ 反映了 0 时刻以前的全部历史情况，故 $u(0)$ 常称为初始条件或初始状态。具有初始储能的电容的等效电路如图 3.1.4 所示。电容的这一性质称为"记忆"作用，因此，电容又称为记忆元件。

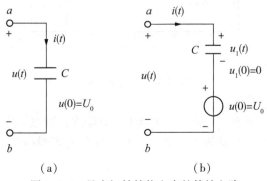

（a）　　　　　　　　　　（b）

图 3.1.4　具有初始储能电容的等效电路

4. 电容的储能

电容元件的储能表达式为：

$$w_C(t) = \frac{1}{2}Cu^2(t) \qquad (3\text{-}1\text{-}5)$$

由此可见，电容在某一时刻的储能，只取决于该时刻的电容电压值，只要电容的电压不为 0，就存在储能，并且储能总为正值。

5. 电容器的连接

1）电容器的串联

把几个电容器的极板首尾相接，连成一个无分支电路的连接方式，称为电容器的串联。如图 3.1.5 所示为三个电容器的串联，接上电压为 U 的电源后，两边极板分别带电，电荷量为 $+q$ 和 $-q$，由于静电感应，中间各极板所带的电荷量也等于 $+q$ 和 $-q$。这样，串联的各电容器带的电荷量都相同。如果各个电容器的电容分别为 C_1、C_2 和 C_3，电压分别为 U_1、U_2 和 U_3，那么，

$$U_1 = \frac{q}{C_1}, \ U_2 = \frac{q}{C_2}, \ U_3 = \frac{q}{C_3}$$

总电压 U 等于各个电容器上的电压之和，所以

$$U = U_1 + U_2 + U_3 = q\left(\frac{1}{C_1} + \frac{1}{C_2} + \frac{1}{C_3}\right)$$

设串联电容器的总电容为 C，则有

$$\frac{1}{C} = \frac{1}{C_1} + \frac{1}{C_2} + \frac{1}{C_3} \qquad (3\text{-}1\text{-}6)$$

即串联电容器的总电容的倒数等于各个电容器的电容的倒数之和。电容器串联之后，相当于增大了两极板之间的距离，因此，总电容小于每一个电容器的电容。

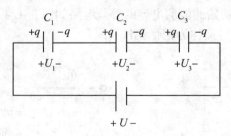

图 3.1.5　三个电容串联

【例 3-1-1】如图 3.1.5 所示，若 $C_1 = C_2 = C_3 = 200\mu\text{F}$，额定工作电压为 50V，电源电压 $U = 120\text{V}$，求：（1）串联电容器的等效电容；（2）每个电容器两端的电压，并说明在此电压下工作是否安全。

　　解：（1）三个电容器串联后的等效电容

$$C = \frac{C_1}{3} = 66.7(\mu F)$$

（2）串联时，各电容器上所带的电荷量相等，并等于等效电容所带的电荷量，即

$$q = q_1 = q_2 = q_3 = CU = 66.7 \times 10^{-6} \times 120 = 8 \times 10^{-3}(C)$$

所以，
$$U_1 = U_2 = U_3 = \frac{q}{C} = \frac{8 \times 10^{-3}}{200 \times 10^{-6}} = 40(V)$$

每个电容器的实际工作电压是 40V，小于额定工作电压 50V，所以，电容器在这种情况下工作是安全的。

由此可见，当一个电容器的额定工作电压值太小不能满足需要时，除选用额定工作电压值高的电容器外，还可采用电容器串联的方式来获取较高的额定工作电压。

【例 3-1-2】如图 3.1.5 所示，$C_1 = 2C_2 = 3C_3 = 300\mu F$，额定工作电压为 50V，电源电压 $U = 120V$，求：（1）串联电容器的等效电容；（2）每个电容器两端的电压，并说明在此电压下工作是否安全。

解：（1）三个电容器串联后的等效电容

$$C = \frac{1}{\frac{1}{C_1} + \frac{1}{C_2} + \frac{1}{C_3}} = \frac{1}{\frac{1}{300} + \frac{1}{150} + \frac{1}{100}} = 50(\mu F)$$

（2）串联时，各电容器上所带的电荷量相等，并等于等效电容所带的电荷量，即

$$q = q_1 = q_2 = q_3 = CU = 50 \times 10^{-6} \times 120 = 6 \times 10^{-3}(C)$$

所以，
$$U_1 = \frac{q}{C_1} = \frac{6 \times 10^{-3}}{300 \times 10^{-6}} = 20(V)$$

$$U_2 = \frac{q}{C_2} = \frac{6 \times 10^{-3}}{150 \times 10^{-6}} = 40(V)$$

$$U_3 = \frac{q}{C_3} = \frac{6 \times 10^{-3}}{100 \times 10^{-6}} = 60(V)$$

显然，电容器 C_3 的实际工作电压大于额定工作电压，所以，电容器 C_3 在这种情况下可能被击穿。当这个电容器被击穿后，120V 的电压就会加在 C_1 和 C_2 上，那么电容器 C_2 也可能随之被击穿。依此类推，电容器 C_1 也可能会被击穿。

由此可见，电容值不等的电容器串联使用时，每个电容器上所分配的电压是不相等的。各电容器上的电压和电容成反比，即电容小的电容器比电容大的电容器两端的电压要高。所以，必须先通过计算，在安全可靠的情况下再使用，以免电容器被损坏。

2）电容器的并联

把几个电容器的正极相连，负极也相连，就是电容器的并联。如图 3.1.6 所示为三个电容器的并联，接上电压为 U 的电源后，每个电容器的电压都是 U。

如果各个电容器的电容分别为 C_1、C_2 和 C_3，则所带的电荷量分别是 q_1、q_2 和 q_3，那么，

$$q_1 = C_1 U, \quad q_2 = C_2 U, \quad q_3 = C_3 U$$

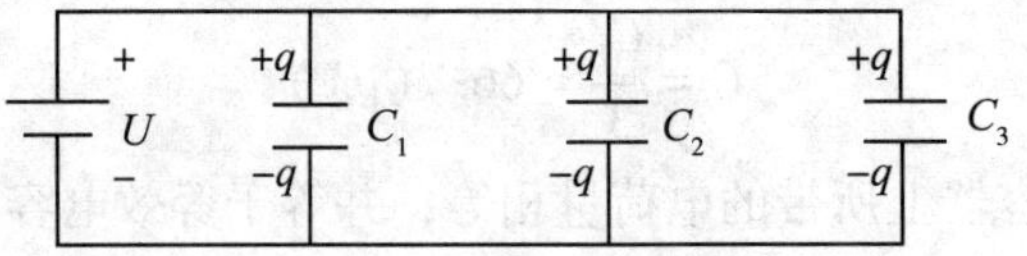

图 3.1.6　三个电容并联

电容器组储存的总电荷量 q 等于各个电容器所带电荷量之和，即

$$q = q_1 + q_2 + q_3 = (C_1 + C_2 + C_3)U$$

设并联电容器的总电容为 C，则有

$$C = C_1 + C_2 + C_3 \tag{3-1-7}$$

即并联电容器的总电容等于各个电容器的电容之和。电容器并联之后，相当于增大了两极板的面积，因此，总电容大于每一个电容器的电容。

【例 3-1-3】 若 $C_1 = 10\mu F$，充电后的电压为 30V，$C_2 = 20\mu F$，充电后的电压为 15V，把它们并联在一起后，求电容两端的电压。

解：(1)连接前：

C_1 的电荷量 $q_1 = C_1 U = 10 \times 10^{-6} \times 30 = 300 \times 10^{-6} (C)$

C_2 的电荷量 $q_2 = C_2 U = 20 \times 10^{-6} \times 15 = 300 \times 10^{-6} (C)$

电荷总量 $q = q_1 + q_2 = 600 \times 10^{-6} (C)$

(2)连接后，电荷总量不变：

等效电容 $C = C_1 + C_2 = 30 (\mu F)$

电容两端的电压 $U = \dfrac{q}{C} = \dfrac{600 \times 10^{-6}}{30 \times 10^{-6}} = 20 (V)$

3.1.2　电感元件

磁与电是不可分割的统一体，有电流流动就有磁场的存在。许多电子元器件的工作与磁场有关，如发电机、电动机、变压器、断路器、电视、计算机、录音机等都存在利用电磁效应来实现不同的功能。各种常用的电感器如图 3.1.7 所示，电感元件是实际电感器的理想化模型。在许多方面，电感元件和电容元件存在对偶关系，即其中一个元件的电压与另一个元件的电流对应；反之亦然。

1. 电感器的构成原理

在带有磁心或是不带磁心的线圈中通以电流，会在线圈内部和周围形成磁场，这种结构简单的元件称为电感器(通常指的是线圈)，简称电感。

如图 3.1.8 所示，当一个匝数为 N 的线圈有电流 i 通过时，每匝线圈内便产生磁通 Φ，称为自感磁通，与 N 匝线圈交链的磁通之和称为自感磁链 Ψ，$\Psi = N\Phi$，单位是韦伯(Wb)，Ψ 与 i 的方向符合右手螺旋法则。电感线圈是一种能储存磁场能量的器件。

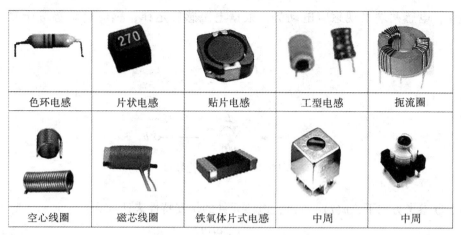

色环电感	片状电感	贴片电感	工型电感	扼流圈
空心线圈	磁芯线圈	铁氧体片式电感	中周	中周

图 3.1.7 常用的电感器示例

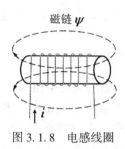

图 3.1.8 电感线圈

2. 电感

电感器的自感磁链 Ψ 与通过它的电流 i 的比值，表征了电感器的特性，这个比值称为电感器的自感系数或电感量，简称电感。电感用 L 表示，那么

$$L = \frac{\psi}{i} \tag{3-1-8}$$

式中，L 的单位为亨利(H)，简称亨；Ψ 的单位为韦伯(Wb)；i 的单位是安培(A)。

实际上，常用较小的电感单位毫亨(mH)、微亨(μH)，它们之间的换算关系是：

$$1H = 10^3 mH = 10^6 μH \tag{3-1-9}$$

线圈的电感是由线圈本身的特性决定的，它与线圈的尺寸、匝数有关，而线圈中是否有电流或电流的大小都不会使线圈电感改变。为了使每单位电流产生的磁场增加，常在线圈中加入铁磁物质，其结果可以使同样电流产生的磁链比起不用铁磁物质时成百上千倍地增加。由于铁磁物质的磁导率不是一个常数，它是随磁化电流的不同而变化的量，铁芯越接近饱和，这种现象就越显著。所以，具有铁芯的线圈，其电感也不是一个定值，这种电感称为非线性电感。

3. 电感的伏安关系

电感元件的电路符号如图 3.1.9 所示，当通过电感的电流发生变化时，磁链也相应地发生变化，电感两端出现感应电动势，根据电磁感应定律，感应电动势等于磁链的变化率。

$$e(t) = \frac{\mathrm{d}\psi(t)}{\mathrm{d}t} \tag{3-1-10}$$

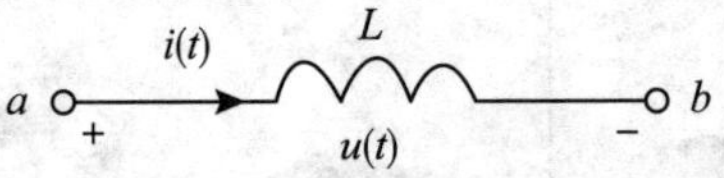

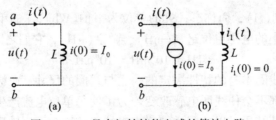

图 3.1.9　电感的符号

在关联参考方向下，$u(t) = e(t)$，电感元件的伏安特性表达式为：

$$u(t) = L\frac{\mathrm{d}i(t)}{\mathrm{d}t} \tag{3-1-11}$$

$$i(t) = \frac{1}{L}\int_{-\infty}^{t} u(\lambda)\mathrm{d}\lambda = \frac{1}{L}\int_{-\infty}^{0} u(\lambda)\mathrm{d}\lambda + \frac{1}{L}\int_{0}^{t} u(\lambda)\mathrm{d}\lambda$$

$$= i(0) + \frac{1}{L}\int_{0}^{t} u(\lambda)\mathrm{d}\lambda \tag{3-1-12}$$

由式(3-1-11)可见，任一时刻电感两端的电压大小和极性不是取决于该时刻通过电感的电流大小，而是取决于该时刻电感电流的变化率。电流变化率越大，则电压越大。电流变化率大于零，电流产生的磁链增多，电感器充电；电流变化率小于零，电流产生的磁链减少，电感器放电。若电感电流变化率恒等于零，则电感的电压恒为零，说明电感器充电或放电过程结束，达到稳态，此时电感相当于短路。

由式(3-1-12)可知，某一时刻电感电流的数值并不取决于该时刻的电压值，而是与电压全部过去历史有关。与电容相对偶，电感的初始电流 $i(0)$ 反映了 0 时刻以前的全部历史情况，故 $i(0)$ 常称为初始条件或初始状态。具有初始储能的电感的等效电路如图 3.1.10 所示。电感的这一性质亦称为"记忆"作用。因此，电感也称为记忆元件。

图 3.1.10　具有初始储能电感的等效电路

4. 电感的储能

电感元件的储能表达式为：

$$w_L(t) = \frac{1}{2}Li^2(t) \tag{3-1-13}$$

由此可见，电感在某一时刻的储能，只取决于该时刻电感的电流值，储能总为正值。

3.1.3 换路定理

换路，就是电路工作状态的改变。例如：开关的通断、电源或元件的突然接入或移除、元件参数变化等，这些都会使电路的结构发生变化，或者电路中元件的参数发生变化等，统称为换路。通常取 $t=0$ 为换路的瞬间，再把这一瞬间一分为二：$t=0_-$ 表示换路前的最终时刻，该时刻的电压值或电流值称为起始值；$t=0_+$ 表示换路后的最初时刻，该时刻的电压值或电流值称为初始值。

在换路瞬间，电路中的储能元件（电感或电容）的能量不能突变，即电容的电压不能突变，电感的电流不能突变。也即

$$u_C(0_+) = u_C(0_-)$$
$$i_L(0_+) = i_L(0_-)$$

(3-1-14)

式(3-1-14)称为换路定理。

需要注意的是，电路在换路时，只有电容的电压和电感的电流不能突变，电路中其余的电流和电压（包括电容电流、电感电压、电阻的电流和电压等）都有可能突变。

3.1.4 技能训练 电容器的识别与检测

1. 电容器的识别

根据《电阻器和电容器的标志代码》（GB/T 2691—2016）规定，用字母 p、n、μ、m 和 F 分别代表以法拉为单位的电容量的倍数 10^{-12}、10^{-9}、10^{-6}、10^{-3} 和 1。比如 1pF 代码为 1p0、33.2pF 代码为 33p2、100nF 代码为 100n、590μF 代码为 590μ 等。

允许偏差的字母代码如表 3-1-1 所示，允许偏差的字母代码应放在容量的后面。

表 3-1-1　　　　　　　　　　　电容器的允许偏差字母代码

代码	E	L	P	W	B	C	D	F	G	H	J	K	M	N
允许偏差（%）	±0.005	±0.01	±0.02	±0.05	±0.1	±0.25	±0.5	±1	±2	±3	±5	±10	±20	±30

代码	Q		T		S		Z							
允许偏差（%）	−10~+30		−10~+50		−20~+50		−20~+80							

电容器需要标注制造年和月时，可采用表 3-1-2 所示代码标注。比如 2019 年 11 月的

代码为 LN。

表 3-1-2 电容器的制造日期字母代码(20 年循环)

代码	A	B	C	D	E	F	H	J	K	L	M	N
年份	2010	2011	2012	2013	2014	2015	2016	2017	2018	2019	2020	2021
代码	P	R	S	T	U	V	W	X	A	B	……	
年份	2022	2023	2024	2025	2026	2027	2028	2029	2030	3031	……	
代码	1	2	3	4	5	6	7	8	9	O	N	D
月份	1	2	3	4	5	6	7	8	9	10	11	12

塑料膜和纸介电容器的介质材料字母代码如表 3-1-3 所示。

表 3-1-3 电容器的介质材料字母代码

代码	介质材料	与 ISO 1043-1-2001 相一致
V	聚碳酸酯	PC
H	聚苯醚	PPS
N	聚乙烯萘甲醛	PEN
P	聚丙烯	PP
S	聚苯乙烯	PS
T 或 Mª	聚乙烯对苯二酸盐	PETP

(1)观察、认识各种电容器,将数据填入表 3-1-4 中。

表 3-1-4 电容器的参数

序号	容量	耐压	允许偏差	型号	出厂日期
1					
2					
3					

(2)识别有极性电容器的正负极。

电解电容器的电容值较大,使用时必须正接,不可反接或接到交流电路中,否则会将电解电容器击穿。电解电容器极性的判别有三种方法:

a. 电容器外壳标注负号对应的引线为负极,如图 3.1.11(a)所示;

b. 未使用的电解电容器,长引线为正极,短引线为负极,如图 3.1.11(b)所示。

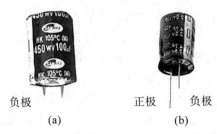

负极   正极 │ 负极
(a)   (b)

图 3.1.11 识别有极性电容器的极性

c. 用万用表识别。将万用表拨到"$R×1k$"挡或"$R×10k$"挡，测量电容器两引脚之间的阻值，正反各测一次，测量时阻值会出现一大一小，以阻值大的那次为准，黑表笔接的为正极，红表笔接的为负极。

2. 检测较大容量的电容器质量

(1)将万用表拨到电阻挡"$R×100$"挡"$R×1k$"挡。

(2)将万用表的红表笔接电容器的负极，黑表笔接电容器的正极。

(3)如果指针有一定的偏转，并很快回到接近于起始位置的地方，则表示电容器的质量很好，漏电很小。

(4)如果指针回不到起始位置，而停在刻度盘的某处，这时指针所指出的电阻数值即表示该电容器的漏电阻值。显然，电容器漏电阻值越大，表明电容器的漏电越小，质量越好。若阻值在几十 $kΩ$ 到几百 $kΩ$，说明电容器是好的。否则，说明电容器的漏电量很大。

(5)如果指针偏转到零欧姆位置之后不再回去，则说明电容器内部已经短路。

(6)如果指针根本不偏转，说明电容器内部可能断路，或电容量很小，充电、放电电流很小，不足以使指针偏转。

注意：对于耐压低于 9V 的电解电容器，不能用"$R×10k$"挡来检查，因为万用表在"$R×10k$"挡用的电池电压为 9V、15V 或 22.5V。用万用表可粗略测试电容较大的电容器质量的好坏，若电容器的电容太小，则很难判别。

检测几只电容器并将结果填入表 3-1-5 中。

表 3-1-5   **电容器检测结果**

序号	检测情况	检测结果
1		
2		
3		

3.2 电路的过渡过程

当电路发生换路时，电路的稳定状态会被打破，但能量不能跃变，这使得一些元件的电压和电流往往不能跃变，需要经过一个过程，才能进入新的稳定状态，这个过程就是过渡过程。由于这个过渡过程非常短暂，所以也把过渡过程叫做暂态过程。就像打开电风扇，从扇叶的转速由零到匀速转动，需要经过一个转速上升的过程，这个过程也是过渡过程。

过渡过程虽然很短暂，但其应用却十分广泛，例如利用电路过渡过程产生特定波形的电信号。当然，过渡过程也有不利的一面，比如过渡过程开始的瞬间可能产生过电压、过电流使电气设备或元件损坏，必须控制、预防它可能产生的危害。

显然，过渡过程的起因有两个：一是电路中有电容或电感元件；二是电路发生了换路。这两者缺一不可。

3.2.1 RC 电路的过渡过程

输入为恒定直流，电路中只包含一个电容或一个电感的电路称为直流一阶电路。典型的一阶电路有 RC 电路和 RL 电路，本节重点讨论 RC 电路。

以图 3.2.1(a)所示的 RC 电路为例，电容具有起始电压 $u_C(0)=U_0$，分析开关 S 闭合后，电容的电压 $u_C(t)$ 和电流 $i_C(t)$ 的变化规律。

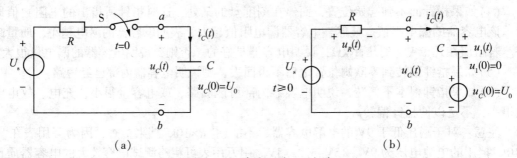

(a)   (b)

图 3.2.1　直流一阶 RC 电路

根据具有起始储能电容的等效，开关 S 闭合后的(a)图所示电路，可以改画为(b)图所示电路。运用叠加定理，又可将其分解为两个如图 3.2.2 所示的子电路，即电容电压的全响应可分解为零状态响应和零输入响应的和。

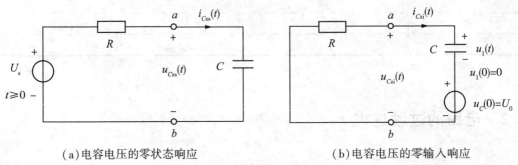

(a)电容电压的零状态响应　　　　　(b)电容电压的零输入响应

图 3.2.2　RC 电路运用叠加定理分解图

零状态响应：换路后，在零初始状态(换路前储能元件无储能)下，仅由电路的输入所引起的响应。

零输入响应：换路后，在零输入(换路后无电源激励)情况下，仅由非零起始状态所引起的响应。

1. RC 电路的零状态响应

RC 电路的零状态响应过程也是电容的充电过程。先讨论电容电压的零状态响应 $u_{C_{zs}}(t)$ 的变化规律。

1)电容电压的零状态响应 $u_{C_{zs}}(t)$

列写图 3.2.2(a)所示电路的 KVL 方程，建立关于 $u_{C_{zs}}(t)$ 的微分方程：

$$\begin{cases} RC\dfrac{\mathrm{d}u_{C_{zs}}(t)}{\mathrm{d}t} + u_{C_{zs}}(t) = U_S \\ u_{C_{zs}}(0) = 0 \end{cases} \qquad (3\text{-}2\text{-}1)$$

式(3-2-1)是一阶常系数线性非齐次微分方程，根据数学知识，求解微分方程得：

$$u_{C_{zs}}(t) = U_S - U_S \mathrm{e}^{-\frac{t}{RC}} = U_S(1 - \mathrm{e}^{-\frac{t}{RC}}), \quad t \geqslant 0 \qquad (3\text{-}2\text{-}2)$$

易见，电容电压的零状态响应由两部分组成——不随着时间衰减的稳态响应分量 U_s 和会随时间趋于零值的暂态响应分量 $-U_S\mathrm{e}^{-\frac{t}{RC}}$。

绘出式(3-2-2)对应的波形图，如图 3.2.3 所示。

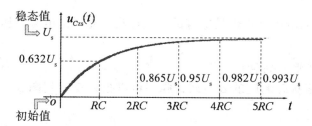

图 3.2.3 RC 电路电容电压的零状态响应

由此可见，直流一阶 RC 电路电容电压的零状态响应是从零值开始按指数规律上升到稳态值 U_s，其变化速度取决于函数式(3-2-2)中 e 的指数中 RC 的大小，RC 乘积越大，电容电压变化越慢；RC 乘积越小，电容电压变化越快。

2)时间常数 τ

由于 RC 乘积的量纲是

$$\Omega \cdot \mathrm{F} = \Omega \cdot \frac{\mathrm{C}}{\mathrm{V}} = \Omega \cdot \frac{\mathrm{A} \cdot \mathrm{s}}{\mathrm{V}} = \mathrm{s}$$

因此，称 RC 为时间常数，用字母 τ 表示，即

$$\tau = RC \qquad (3\text{-}2\text{-}3)$$

虽然理论上要经历无限长的时间，暂态响应分量才能衰减到零值，零状态响应才能达

到稳态值。而实际上，工程上认为经过 5τ 的时间后暂态过程结束（即充电过程结束），电路进入稳定状态。

3）电容电流

由电容的伏安关系，易得电容电流

$$i_{Czs}(t) = C\frac{\mathrm{d}u_{Czs}(t)}{\mathrm{d}t} = \frac{U_{\mathrm{s}}}{R}\mathrm{e}^{-\frac{t}{RC}},\ t \geqslant 0 \qquad (3\text{-}2\text{-}4)$$

绘出式(3-2-4)对应的波形图，如图 3.2.4 所示。

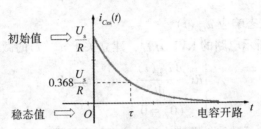

图 3.2.4 RC 电路电容电流的零状态响应

可见，电容电流的波形与电容电压的波形具有相同的形式，且式中所含的时间常数都相同，不过 $i_{Czs}(t)$ 中只有暂态响应分量，其稳态响应分量为零。这一结论同前面的讨论相吻合，当 $t \to \infty$ 时，电容充电结束，电容对直流相当于开路。

2. RC 电路的零输入响应

RC 电路的零输入响应过程也是电容的放电过程。先讨论电容电压的零输入响应 $u_{Czi}(t)$ 的变化规律。

1）电容电压的零输入响应 $u_{Czi}(t)$

由电容电压的零状态响应的表达式，我们可以很容易得到图 3.2.2(b) 所示电路中 $u_1(t)$ 的表达式

$$u_1(t) = -u_C(0)(1 - \mathrm{e}^{-\frac{t}{RC}}),\ t \geqslant 0$$

故

$$u_{Czi}(t) = u_1(t) + u_C(0) = U_0\mathrm{e}^{-\frac{t}{RC}},\ t \geqslant 0 \qquad (3\text{-}2\text{-}5)$$

易见，电容电压的零输入响应与电容电压的零状态响应也具有相同的形式，且式中所含的时间常数亦相同，但 $u_{Czi}(t)$ 也只有暂态响应分量，稳态响应分量为零。因为电容放电结束后，电容电压肯定为零值。

绘出式(3-2-5)对应的波形图，如图 3.2.5 所示。

由此可见，直流一阶 RC 电路电容电压的零输入响应是从初始值开始按指数规律衰减到零值，时间常数与零状态响应完全相同。

2）电容电流

由电容的伏安关系，易得电容电流

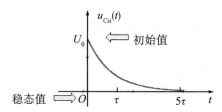

图 3.2.5 RC 电路电容电压的零输入响应

$$i_{Czi}(t) = C\frac{\mathrm{d}u_{Czi}(t)}{\mathrm{d}t} = -\frac{U_0}{R}\mathrm{e}^{-\frac{t}{RC}}, \quad t \geq 0 \qquad (3\text{-}2\text{-}6)$$

绘出式(3-2-6)对应的波形图，如图 3.2.6 所示。

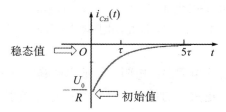

图 3.2.6 RC 电路电容电流的零输入响应

可见，电容电流的波形与电容电压的波形都具有相同的形式，且式中所含的时间常数都相同。

【例 3-2-1】图 3.2.7 所示闪光灯等效电路，开关打到"a"端，电容充电；开关打到"b"端，电容放电。已知：$U_s = 240\mathrm{V}$，$R_1 = 6\mathrm{k}\Omega$，$R_2 = 10\Omega$，$C = 2000\mu\mathrm{F}$。求：（1）电容的充电和放电时间；（2）电容充电和放电时电流 $i(t)$ 的初始值；（3）闪光灯闪光时的平均功率。

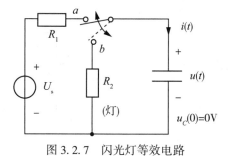

图 3.2.7 闪光灯等效电路

解：$(1)\, t_充 = 5R_1C = 5 \times 6 \times 10^3 \times 2 \times 10^{-3} = 60(\mathrm{s})$

$t_放 = 5R_2C = 5 \times 10 \times 2 \times 10^{-3} = 0.1(\mathrm{s})$

$(2)\, i_充(0_+) = \dfrac{240}{6 \times 10^3} = 40(\mathrm{mA})$，$i_放(0+) = \dfrac{240}{10} = 24(\mathrm{A})$

$$(3)W_C = \frac{1}{2}CU_S^2 = \frac{1}{2} \times 2 \times 10^{-3} \times 240^2 = 57.6(\text{J})$$

$$P_{R_2} = \frac{W_C}{t_{放}} = \frac{57.6}{0.1} = 576(\text{W})$$

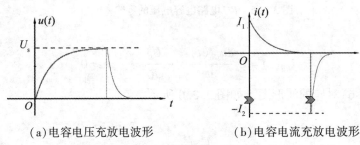

（a）电容电压充放电波形   （b）电容电流充放电波形

图 3.2.8   闪光灯电容电压电流充放电波形图

在闪光灯电路中，电容充电回路的电阻大，放电回路的电阻小。这样不只是电容充电时间长，电容放电时间短，更重要的是，可以使电容放电瞬间回路的电流相当大，闪光灯的平均功率很高，才能正常工作。

3. RC 电路的全响应

由叠加定理可得，RC 电路电容电压的全响应

$$u_C(t) = u_{Czs}(t) + u_{Czi}(t) = U_S(1 - e^{-\frac{t}{\tau}}) + U_0 e^{-\frac{t}{\tau}}$$

$$= U_S + (U_0 - U_S)e^{-\frac{t}{\tau}}, \ t \geq 0 \tag{3-2-7}$$

式中，$\tau = RC$。

绘出式(3-2-7)对应的波形图，如图 3.2.9 所示。

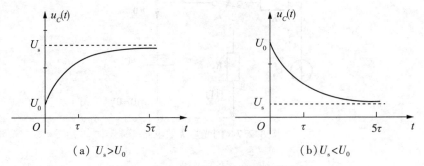

（a）$U_s > U_0$ （b）$U_s < U_0$

图 3.2.9   RC 电路电容电压的全响应

直流一阶 RC 电路电容电压的全响应总是由初始值 U_0 开始按指数规律变化到它的稳态值 U_s，同一电路的所有响应具有相同的时间常数 τ，其值等于 RC。

3.2.2 *RL* 电路的过渡过程

对于 *RL* 电路的分析，采用与分析 *RC* 电路类似的思路和方法。

以图 3.2.10(a)所示的 *RL* 电路为例，G 是电导($G=1/R$)，电感具有起始电流 $i_L(0)=I_0$，分析开关 S 闭合后，电感的电流 $i_L(t)$ 和电压 $u_L(t)$ 的变化规律。

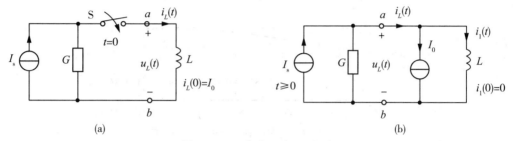

图 3.2.10 直流一阶 *RL* 电路

根据具有起始储能电感的等效，开关 S 闭合后的(a)图所示电路，可以改画为(b)图所示电路。运用叠加定理，又可将其分解为两个子电路如图 3.2.11 所示，电感电流的全响应亦分解为零状态响应和零输入响应的和。

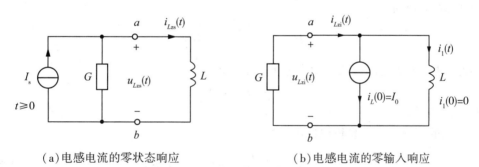

(a)电感电流的零状态响应   (b)电感电流的零输入响应

图 3.2.11 *RL* 电路运用叠加定理分解图

1. *RL* 电路的零状态响应

RL 电路的零状态响应过程也是电感的充电过程。先讨论电感电流的零状态响应 $i_{Lzs}(t)$ 的变化规律。

1)电感电流的零状态响应 $i_{Lzs}(t)$

列写图 3.2.10(a)所示电路的 KCL 方程，建立关于 $i_{Lzs}(t)$ 的微分方程：

$$\begin{cases} GL\dfrac{\mathrm{d}i_{Lzs}(t)}{\mathrm{d}t} + i_{Lzs}(t) = I_S \\ i_{Lzs}(0) = 0 \end{cases} \tag{3-2-8}$$

上式为一阶常系数线性非齐次微分方程，根据数学知识，求解微分方程得：

$$i_{Lzs}(t) = I_S - I_S e^{-\frac{t}{GL}} = I_S(1 - e^{-\frac{t}{GL}}), \quad t \geqslant 0 \tag{3-2-9}$$

易见，电感电流的零状态响应同样由两部分组成——不随着时间衰减的稳态响应分量 I_s 和会随时间趋于零值的暂态响应分量 $-I_S e^{-\frac{t}{GL}}$。

绘出式(3-2-9)对应的波形图，如图 3.2.12 所示。

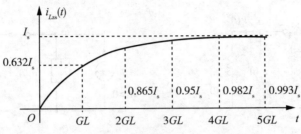

图 3.2.12　RL 电路电感电流的零状态响应

由此可见，直流一阶 RL 电路电感电流的零状态响应是从零值开始按指数规律上升到稳态值 I_s，其变化速度取决于函数式(3-2-9)中 e 的指数中 GL 的大小，GL 乘积越大，电感电流变化越慢；GL 乘积越小，电感电流变化越快。

2)时间常数 τ

由于 GL 乘积的量纲是

$$H \cdot S = \frac{V \cdot s}{A} \cdot S = s$$

因此，称 GL 为时间常数，用字母 τ 表示，即

$$\tau = GL = L/R \tag{3-2-10}$$

3)电感电压

由电感的伏安关系，易得电感电压

$$u_{Lzs}(t) = L\frac{\mathrm{d}i_{Lzs}(t)}{\mathrm{d}t} = RI_S e^{-\frac{t}{GL}}, \quad t \geqslant 0 \tag{3-2-11}$$

绘出式(3-2-11)对应的波形图，如图 3.2.13 所示。

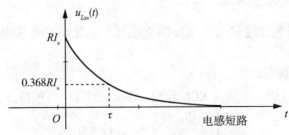

图 3.2.13　RL 电路电感电压的零状态响应

可见，电感电压的波形与电感电流的波形具有相同的形式，且式中所含的时间常数都相同，不过 $u_{Lzs}(t)$ 中只有暂态响应分量，其稳态响应分量为零。这一结论同前面的讨论相吻合，当 $t \to \infty$ 时，电感充电结束，电感对直流相当于短路。

【例 3-2-2】 有一台直流电动机，它的励磁线圈的电阻为 50Ω，当加上额定励磁电压经过 $0.1\mathrm{s}$ 后，励磁电流增长到稳态值的 63.2%。试求线圈的电感。

解： 励磁电流 $i_L(t)$ 的变化关系为 RL 的零状态响应，由题知 $t = 0.1\mathrm{s}$，

即　　$\tau = 0.1\mathrm{s}$，　故　　$L = R\tau = 5(\mathrm{H})$。

2. RL 电路的零输入响应

RL 电路的零输入响应过程也是电感的放电过程。先讨论电感电流的零输入响应 $i_{Lzi}(t)$ 的变化规律。

1）电感电流的零输入响应 $i_{Lzi}(t)$

由电感电流的零状态响应的表达式，我们可以很容易写出图 3.2.10(b) 所示电路中 $i_1(t)$ 的表达式

$$i_1(t) = -I_0\left(1 - \mathrm{e}^{-\frac{t}{GL}}\right), \quad t \geqslant 0$$

故

$$i_{Lzi}(t) = i_1(t) + i_L(0) = I_0\mathrm{e}^{-\frac{t}{GL}}, \quad t \geqslant 0 \tag{3-2-12}$$

易见，电感电流的零输入响应与电感电流的零状态响应也具有相同的形式，且式中所含的时间常数亦相同，但 $i_{Lzi}(t)$ 也只有暂态响应分量，稳态响应分量为零。因为电感放电结束后，电感电流肯定为零值。绘出式(3-2-12)对应的波形图，如图 3.2.14 所示。

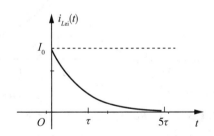

图 3.2.14　RL 电路电感电流的零输入响应

由此可见，直流一阶 RL 电路电感电流的零输入响应是从初始值开始按指数规律衰减到零值，时间常数与零状态响应完全相同。

2）电感电压

由电感的伏安关系，易得电感电压

$$u_{Lzi}(t) = L\frac{\mathrm{d}i_{Lzi}(t)}{\mathrm{d}t} = -RI_0\mathrm{e}^{-\frac{t}{GL}}, \quad t \geqslant 0 \tag{3-2-13}$$

绘出式(3-2-13)对应的波形图，如图 3.2.15 所示。

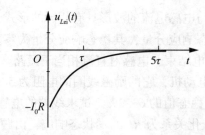

图 3.2.15　RL 电路电感电压的零输入响应

可见，电感电压的波形与电感电流的波形都具有相同的形式，且式中所含的时间常数都相同。

3. RL 电路的全响应

由叠加定理可得，RL 电路的电感电流全响应

$$i_L(t) = i_{Lzs}(t) + i_{Lzi}(t) = I_s(1 - e^{-\frac{t}{\tau}}) + I_0 e^{-\frac{t}{\tau}}$$

$$= I_s + (I_0 - I_s)e^{-\frac{t}{\tau}}, \ t \geq 0 \tag{3-2-14}$$

式中，$\tau = GL = L/R$。

绘出式(3-2-14)对应的波形图，如图 3.2.16 所示。

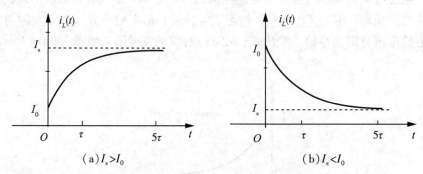

（a）$I_s > I_0$ 　　　　　　　　　　（b）$I_s < I_0$

图 3.2.16　RL 电路电感电流的全响应

直流一阶 RL 电路电感电流的全响应总是由初始值 I_0 开始按指数规律变化到它的稳态值 I_s，同一电路的所有响应具有相同的时间常数 τ，其值等于 GL。

3.2.3　技能训练　一阶 RC 电路的过渡过程

图 3.2.17 所示电路中，u_i 为 $U_m = 3V$、$f = 1kHz$ 的方波信号。方波信号可由函数信号发生器产生，本书以 TFG2030 DDS 函数信号发生器为例（如图 3.2.18 所示），简单介绍其使用方法。

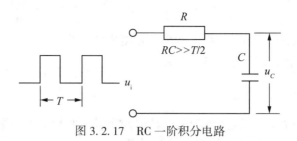

图 3.2.17 RC 一阶积分电路

函数信号发生器就其输出信号而言有电压输出波形、电压幅度、信号频率等可调节内容。TFG2030 DDS 函数信号发生器有两路输出：A 路和 B 路。按【Shift】【A】或【Shift】【B】可切换选择 A 路或 B 路。开机默认的两路输出波形均为 1kHz 且峰峰值 Vpp 等于 1V 的正弦波，Vpp 是指波形的最大值与最小值的差。

1. A 路数据设定

(1) 选择波形：按【Shift】【0】选择正弦波，按【Shift】【1】选择方波。

(2) 设定频率：以频率值为 3.5kHz 为例。

依次按下：【频率】、【3】、【./-】、【5】、【kHz】。

说明：10 个数字键用来向显示区写入数据，写入方式为从右至左移位写入，超过十位后，左端数字溢出丢失。

(3) 设定幅度：以幅度为有效值等于 2.5V 为例。

先进行幅度格式选择：【Shift】【有效值】，若幅度为峰峰值则为【Shift】【峰峰值】。

再依次按下：【幅度】、【2】、【./-】、【5】、【V】。

图 3.2.18 TFG2030 DDS 函数信号发生器

2. B 路数据设定

(1) 选择波形：B 路可选择 32 种波形。

a. 直接按【Shift】【0】选择正弦波，按【Shift】【1】选择方波，按【Shift】【2】选择三角波，按【Shift】【3】选择锯齿波。

b. 按下【Shift】【B 路波形】，按【<】或【>】键使光标指向个位数，使用手轮可从 0 至

31 选择 32 种波形。

（2）设定频率和幅度：与 A 路设定频率和幅度方法一样。

幅度：以幅度为有效值等于 2.5V 为例。

3. 其他功能

"调制""扫描""触发""键控"等功能，具体操作可参照相关说明书。

想要观察激励源 u_i 和响应 u_C 的波形并测量其参数，需要一种信号图形观测仪器——示波器，本书以 DS5062C 双踪示波器为例（如图 3.2.19 所示），通过利用机内"校准信号"进行示波器自检过程，简单介绍其使用方法。

图 3.2.19　DS5062C 示波器

1）接入信号

（1）接通仪器电源；

（2）用示波器探头连接器上的插槽对准通道 1（CH1）同轴电缆插接件（BNC）上的插口并插入，然后向右旋转以拧紧探头；

（3）示波器探头另一端黑色接地，红色接信号，将"校准信号"接入示波器。

2）波形显示

接下【AUTO】按键，示波器将自动设置垂直、水平和触发控制。如需要，可手工调整这些控制使波形显示达到最佳，使在荧光屏的中心部分显示出线条细而清晰、亮度适中的方波波形。

3）波形参数测量

（1）自动测量。

接下【AUTO】按键，系统显示自动测量操作菜单，包括峰峰值、最大值、最小值、平均值、频率、周期、上升时间、下降时间等的测量，上述参数的测量操作只需按下显示屏幕相应位置所对应的菜单操作键，就会在显示屏上显示该参数。

（2）光标测量。

接下【CURSOR】按键，可进行移动光标测量，光标测量分为三种模式：

a. 手动方式：光标电压或时间方式成对出现，并可手动调整光标的间距。显示的读数即为测量的电压或时间值。当使用光标时，需首先将信号源设定成所要测量的波形。

b. 追踪方式：水平与垂直光标交叉构成十字光标。十字光标自动定位在波形上，通过旋转对应的垂直控制区域或水平控制区域的 POSITION 旋钮，可以调整十字光标在波形上的水平位置。示波器同时显示光标点的坐标。

c. 自动测量方式：通过此设定，在自动测量模式下，系统会显示对应的电压或时间光标，以提示测量的物理意义。系统根据信号的变化，自动调整光标的位置，并计算相应的参数值。此种方式在未选择任何自动测量参数时无效。

4. 其他功能

其他功能还有"数字运算""触发系统""失败功能测试"等功能，具体操作可参照相关说明书。

学会函数信号发生器和示波器的常用功能操作后，选定 $R = 10\text{k}\Omega$、$C = 6800\text{pF}$，u_i 为 $U_m = 3\text{V}$、$f = 1\text{kHz}$ 的方波信号，按图 3.2.17 所示连接电路。

将激励源 u_i 和响应 u_C 的信号分别接入示波器的 CH1 和 CH2 输入端口，这时可在示波器的屏幕上观察到激励与响应的变化规律。测出时间常数 τ，并用方格纸按 1：1 的比例描绘波形，将测量与计算结果记入表 3-2-1 中。

再令 $C = 0.1\mu\text{F}$，观察并描绘响应的波形，继续增大 C 之值，定性地观察 C 值大小对响应的影响。

表 3-2-1   **RC 电路时间常数 τ 的测定方法**

$R(\text{k}\Omega)$	C	实际测量：$\tau(\mu\text{s})$	理论计算：$\tau(\mu\text{s})$
10	6800 pF		
10	0.1μF		

按图 3.2.20 所示的连接电路，取 $C = 0.01\mu\text{F}$、$R = 100\Omega$，组成在同样的方波激励信号（$U_m = 3\text{V}$、$f = 1\text{kHz}$）作用下，观测并描绘激励与响应的波形。

增减 R 之值，定性地观察对响应的影响，并做记录。当 R 增至 $1\text{M}\Omega$ 时，输入输出波形有何本质上的区别？

根据实验观测结果，在方格纸上绘出 RC 一阶电路充放电时 u_C 的变化曲线，由曲线测得 τ 值，将其与参数值的计算结果作比较，分析误差原因；并归纳、总结积分电路和微分电路的形成条件，阐明波形变换的特征。

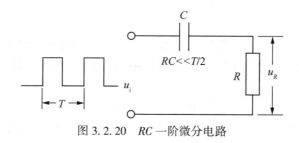

图 3.2.20 RC 一阶微分电路

【思考题】

(1)什么样的电信号可作为 RC 一阶电路零输入响应、零状态响应和完全响应的激励源？

(2)已知 RC 一阶电路 $R = 10\text{k}\Omega$、$C = 0.1\mu\text{F}$，试计算时间常数 τ，并根据 τ 值的物理意义，拟订测量 τ 的方案。

(3)何谓积分电路和微分电路？它们必须具备什么条件？它们在方波序列脉冲的激励下，其输出信号波形的变化规律如何？这两种电路有何功用？

3.3　直流一阶电路的三要素法

通过 RC 电路和 RL 电路的过渡过程的学习，不难发现直流一阶电路中的任一电压或电流的变化规律，都是从初始值开始按指数规律变化到它的稳态值，变化速度受时间常数的影响。只要待求解响应的初始值、稳态值和时间常数这三个要素已知，就可以直接写出响应的表达式，这种方法称为求解直流一阶电路过渡过程的三要素法。

若响应变量(任一电压或电流)用 $f(t)$ 表示，其初始值为 $f(0_+)$、稳态值为 $f(\infty)$、时间常数为 τ，则响应的一般公式为：

$$f(t) = [f(0_+) - f(\infty)]e^{-\frac{t}{\tau}} + f(\infty), \quad t \geq 0 \tag{3-3-1}$$

式中的时间常数 τ，在 RC 电路中 $\tau = RC$；在 RL 电路中 $\tau = GL = L/R$。其中，R 是指换路后 C 或 L 两端的戴维南等效电路中的等效电阻 R_0。

应当注意：式(3-3-1)只适用于直流一阶线性电路。

三要素法是分析直流激励下一阶电路过渡过程的重点分析方法。运用三要素法的具体步骤如下：

(1)求初始值 $u_C(0_+)$ 或 $i_L(0_+)$。

先根据换路前的条件，电容 C 作开路处理，电感 L 作短路处理，作出 $t = 0_-$ 时的等效电路，只需求 $u_C(0_-)$ 或 $i_L(0_-)$；再由换路定理可以得到 $u_C(0_+) = u_C(0_-)$，$i_L(0_+) = i_L(0_-)$。

(2)求初始值 $f(0_+)$。

先将电容 C 用数值等于 $u_C(0_+)$ 的电压源代替、电感 L 用数值等于 $i_L(0_+)$ 的电流源代替，作出 $t = 0_+$ 时的等效电路，再利用电阻电路分析中所学的各种方法求解 $f(0_+)$。

(3)求稳态值 $f(\infty)$。

稳态时，电容 C 处于开路状态、电感 L 处于短路状态，作出 $t = \infty$ 时的等效电路，求解 $f(\infty)$。

(4)求时间常数 τ。

时间常数取决于电路本身的条件，与激励无关。在 $t \geq 0$ 时的电路中，先求 C 或 L 两端的戴维南等效电路中的等效电阻 R_0，对于 RC 电路 $\tau = RC$，对于 RL 电路 $\tau = GL = L/R$。

(5)将三要素代入式(3-3-1)，写出 $f(t)$ 的表达式，画出波形图。

【例 3-3-1】 如图 3.3.1 所示电路，$t = 0$ 时开关 S 闭合，开关闭合前电路已处于稳态。

试求 $t \geqslant 0$ 时，$u_C(t)$、$u_R(t)$、$i_C(t)$ 和 $i(t)$。

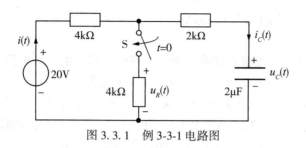

图 3.3.1　例 3-3-1 电路图

解：用三要素法求解。

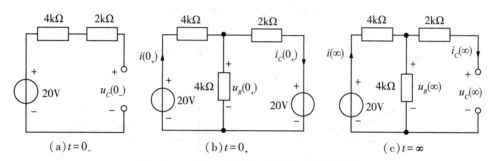

图 3.3.2　例 3-3-1 运用三要素法求解电路图

（1）求初始值 $u_C(0_+)$。

换路前电路处于稳态，电容 C 作开路处理，作出 $t = 0_-$ 时的等效电路如图 3.3.2(a)所示，可见 $u_C(0_-) = 20\text{V}$

再由换路定理可以得到 $u_C(0_+) = u_C(0_-) = 20(\text{V})$。

（2）求初始值 $f(0_+)$。

将电容 C 用 20V 的电压源代替，作出 $t = 0_+$ 时的等效电路如图 3.3.2(b)所示，以 $u_R(0_+)$ 为节点电压，列方程得

$$\left(\frac{1}{4} + \frac{1}{4} + \frac{1}{2} \right) u_R(0_+) - \frac{1}{4} \times 20 - \frac{1}{2} \times 20 = 0$$

解得

$$u_R(0_+) = 15(\text{V})$$

故

$$i(0_+) = \frac{20 - 15}{4} = 1.25(\text{mA}) , \quad i(0_+) = \frac{15 - 20}{2} = -2.5(\text{mA})$$

（3）求稳态值 $f(\infty)$。

稳态时，电容 C 又处于开路，作出 $t = \infty$ 时的等效电路如图 3.3.2(c)所示，

$$u_C(\infty) = u_R(\infty) = 20 \times \frac{4}{4 + 4} = 10(\text{V})$$

$$i(\infty) = \frac{20}{4+4} = 2.5(\text{mA})$$

$$i_C(\infty) = 0(\text{mA})$$

(4)求时间常数 τ。

在 $t \geqslant 0$ 时的电路中，先求 C 两端的戴维南等效电路中的等效电阻 R_0

$$R_0 = 2 + 4 /\!/ 4 = 4(\text{k}\Omega)$$

则

$$\tau = 4 \times 10^3 \times 2 \times 10^{-6} = 8 \times 10^{-3}(\text{s})$$

(5)将三要素代入式(3-3-1)，写出 $f(t)$ 的表达式，它们的波形如图 3.3.3 所示。

$$u_C(t) = 10 + 10\mathrm{e}^{-125t}(\text{V}), \quad t \geqslant 0$$

$$u_R(t) = 10 + 5\mathrm{e}^{-125t}(\text{V}), \quad t \geqslant 0$$

$$i(t) = 2.5 - 1.25\mathrm{e}^{-125t}(\text{mA}), \quad t \geqslant 0$$

$$i_C(t) = -2.5\mathrm{e}^{-125t}(\text{mA}), \quad t \geqslant 0$$

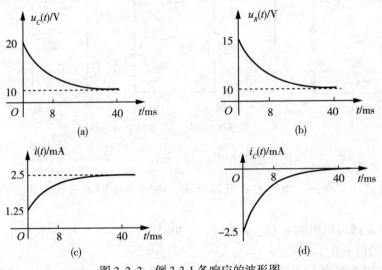

图 3.3.3 例 3-3-1 各响应的波形图

【例 3-3-2】如图 3.3.4 所示电路，$t = 0$ 时开关 S 闭合，开关闭合前电路已处于稳态。试求 $t \geqslant 0$ 时各支路电流，并绘出波形图。

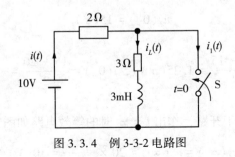

图 3.3.4 例 3-3-2 电路图

解：用三要素法求解。

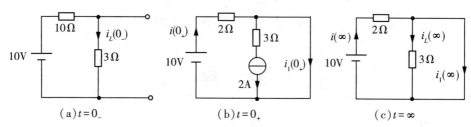

图 3.3.5　例 3-3-2 运用三要素法求解电路图

（1）求初始值 $i_L(0_+)$。

换路前电路处于稳态，电感 L 作短路处理，作出 $t=0_-$ 时的等效电路如图 3.3.5（a）所示，可见

$$i_L(0_-) = \frac{10}{2+3} = 2(\mathrm{A})$$

由换路定理可以得到 $i_L(0_+) = i_L(0_-) = 2(\mathrm{A})$。

（2）求初始值 $f(0_+)$。

将电感 L 用 2A 的电流源代替，作出 $t=0_+$ 时的等效电路如图 3.3.5（b）所示，

$$i(0_+) = \frac{10}{2} = 5(\mathrm{A}), \ i_1(0_+) = i(0_+) - 2 = 3(\mathrm{A})$$

（3）求稳态值 $f(\infty)$。

稳态时，电感 L 又处于短路，作出 $t=\infty$ 时的等效电路如图 3.3.5（c）所示，

$$i_L(\infty) = 0(\mathrm{A}), \ i_1(\infty) = i(\infty) = \frac{10}{2} = 5(\mathrm{A})$$

（4）求时间常数 τ。

在 $t \geq 0$ 时的电路中，先求 L 两端的戴维南等效电路中的等效电阻 R_0，

$$R_0 = 3(\Omega)$$

故

$$\tau = \frac{L}{R_0} = \frac{3 \times 10^{-3}}{3} = 1(\mathrm{ms})。$$

（5）将三要素代入式（3-3-1），写出 $f(t)$ 的表达式，它们的波形如图 3.3.6 所示。

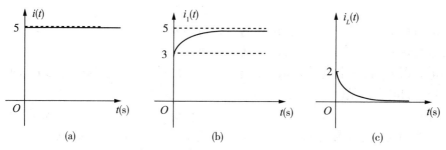

图 3.3.6　例 3-3-2 各响应的波形图

$$i(t) = 5(\text{A}), \quad t \geq 0$$

$$i_L(t) = 2e^{-1000t}(\text{A}), \quad t \geq 0$$

$$i_1(t) = 5 - 2e^{-1000t}(\text{A}), \quad t \geq 0$$

习　题

3.1　判断题

(1)电容器的电容量与外加电压的大小无关。(　　)

(2)电容器必须在电路中使用才会带有电荷，故此时才会有电容量。(　　)

(3)若干只不同容量的电容器并联，各电容器所带电荷量均相等。(　　)

(4)电容量不相等的电容器串联后接到电源上，每只电容器两端的电压与它本身的电容成反比。(　　)

(5)电容器串联后，其耐压总是大于其中任一电容器的耐压。(　　)

(6)电容器串联后，其等效电容总是小于任一电容器的电容量。(　　)

(7)电容量大的电容器储存的电场能量一定多。(　　)

(8)电流通过导体时导体周围将产生磁场。(　　)

(9)变动的磁场在导体中一定能产生感应电流。(　　)

(10)线圈中电流变化越快，其自感系数就越大。(　　)

(11)自感电动势的大小与线圈本身的电流变化率成正比。(　　)

(12)当结构一定时，铁芯线圈的电感是一个常数。(　　)

(13)电感和电容是无源元件，它们能存储和释放能量，但不能产生或消耗能量。(　　)

(14)电感端电流为常量时相当于短路，电容端电压为常量时相当于开路。(　　)

(15)三要素法适应求解任意一阶直流线性电路。(　　)

(16)时间常数取决于电路本身，与电源无关。(　　)

(17)零输入响应过程是记忆元件放电过程，零状态响应是记忆元件充电过程。(　　)

3.2　选择题

(1)当某电容器两端的电压为 40V 时，它所带的电荷量是 0.2C。若它两端的电压降到 10V，则(　　)。

(a)电荷量保持不变　　　　　(b)电容量保持不变

(c)电荷量减少一半　　　　　(d)电容量减小

(2)电容器 C_1 和一个电容为 8μF 的电容器 C_2 并联，总电容为电容器 C_1 的 3 倍，那么电容器 C_1 的电容量是(　　)。

(a)2μF　　　　　(b)4μF　　　　　(c)6μF　　　　　(d)8μF

(3)两个相同的电容器并联的等效电容，与它们串联的等效电容之比是(　　)。

(a)1∶4　　　　　(b)4∶1　　　　　(c)1∶2　　　　　(d)2∶1

(4)1μF 与 2μF 的电容器串联后接在 30V 的电源上，则 1μF 的电容电压为(　　)。

(a)10V　　　　　　(b)15V　　　　　　(c)20V　　　　　　(d)30V

(5)两个电容器，$C_1 = 30\mu F$，耐压 12V；$C_2 = 50\mu F$，耐压 12V，将它们串联后接到 24V 电源上，则(　　)。

(a)两个电容器都能正常工作　　　　　(b)C_1、C_2 都将被击穿

(c)C_1 将被击穿、C_2 正常工作　　　(d)C_2 将被击穿、C_1 正常工作

(6)用万用表电阻挡检测大容量电容器质量时，若指针偏转后回不到起始位置，而停在标度盘的某处，说明(　　)。

(a)电容器内部短路　　　　　　　　　(b)电容器内部开路

(c)电容器存在漏电现象　　　　　　　(d)电容器的电容量太小

(7)判定通电导线或通电线圈产生磁场的方向用(　　)。

(a)右手定则　　　　　　　　　　　　(b)右手螺旋法则

(c)左手定则　　　　　　　　　　　　(d)楞次定律

(8)空心线圈被插入铁芯后(　　)。

(a)磁性将大大增强　　　　　　　　　(b)磁性将减弱

(c)磁性基本不变　　　　　　　　　　(d)不能确定

(9)线圈的自感电压的大小与(　　)无关。

(a)线圈的自感系数　　　　　　　　　(b)通过线圈的电流变化率

(c)通过线圈的电流大小　　　　　　　(d)线圈的匝数

3.3　填空题

(1)某一电容器，外加电压 $U = 20V$，测得 $q = 4\times10^{-8}C$，则电容量 $C =$ ＿＿＿＿＿F；若外加电压升高为 40V，则这时所带电荷量为＿＿＿＿＿C。

(2)两个电容器，$C_1 = 20\mu F$，耐压 100V；$C_2 = 30\mu F$，耐压 100V，串联后接到 160V 的电源上，C_1 的端电压为＿＿＿＿＿V，C_2 的端电压为＿＿＿＿＿V，等效电容为＿＿＿＿＿F。

(3)电容器在充电过程中，充电电流逐渐＿＿＿＿＿，两端的电压逐渐＿＿＿＿＿；电容器在放电过程中，放电电流逐渐＿＿＿＿＿，两端的电压逐渐＿＿＿＿＿。

(4)当电容器极板上所储存的电荷发生变化时，电路中就有＿＿＿＿＿流过；若电容器极板上所储存的电荷＿＿＿＿＿，则电路中就没有电流流过。

(5)用万用表判别较大容量电容器的质量时，应将万用表拨到＿＿＿＿＿挡，通常倍率使用＿＿＿＿＿或＿＿＿＿＿。如果将表笔分别与电容器的两极接触，指针有一定偏转，并很快回到接近于起始位置的地方，说明电容器＿＿＿＿＿；若指针偏转到零欧姆位置之后不再回去，说明电容器＿＿＿＿＿。

(6)电容器、电感器和电阻器都是电路中的基本元件，但它们在电路中的作用是不同的，从能量上来看，电容器是储存＿＿＿＿＿元件，电感器是储存＿＿＿＿＿元件，而电阻器是＿＿＿＿＿元件。

(7)由于线圈自身＿＿＿＿＿而产生的＿＿＿＿＿现象称为自感现象；线圈的＿＿＿＿＿与＿＿＿＿＿的比值，称为线圈的电感。

(8)线圈的电感是由线圈本身的特性决定的，而与线圈是否有电流或电流的大小_____。

(9)当电路换路时，电感的_____保持不变；电容的_____保持不变。

(10)直流一阶电路中的任一电压或电流的变化规律都满足表达式_____，其中时间常数 τ 对于 RC 电路，$\tau=$_____；对于 RL 电路，$\tau=$_____。

3.4　如题 3.4 图所示电路，$t<0$ 时开关 S 与 a 接通，且电路处于稳定状态。$t=0$ 时开关 S 与 b 接通，求 $t \geqslant 0$ 时的 $u_C(t)$。

3.5　如题 3.5 图所示电路，$t=0$ 时开关 S 闭合，且开关闭合前电路已达稳定状态，求 $t \geqslant 0$ 时的 $i(t)$，并绘出波形图。

3.6　如题 3.6 图所示电路，$t=0$ 时开关闭合，换路前电路已处于稳态。试求换路后的 $u_C(t)$ 和 $i_C(t)$。

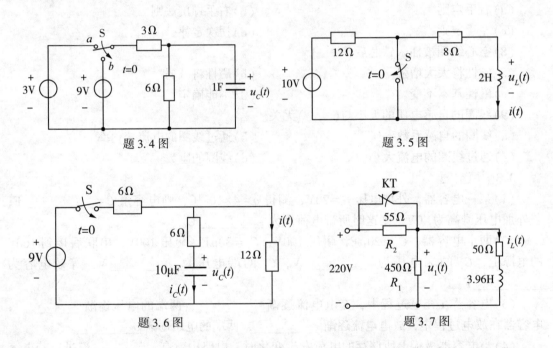

题 3.4 图　　　　　　　　　　　　　　题 3.5 图

题 3.6 图　　　　　　　　　　　　　　题 3.7 图

3.7　如题 3.7 图所示电路，RL 为电磁铁线圈，R_1 为泄放电阻，R_2 为限流电阻，KT 是继电器的触点。当电磁铁线圈没通电，电磁铁没吸合时，KT 是闭合的；当 $t=0$ 时，电磁铁线圈通电，电磁铁吸合，KT 断开。求触点 KT 断开后，线圈中的电流 $i_L(t)$ 和泄放电压 $u_1(t)$。

第4章 正弦交流电路

　　根据输出电流和电压随时间变化规律不同，电源可分为直流电和交流电。直流电可分为恒定直流电(大小和极性都不随时间变化，本书电路中的直流电源均为恒定直流电)和脉动直流电(大小随时间变化、但极性不变，如交流电经整流得到的电流)；交流电可分为正弦交流电(大小和极性随时间按正弦规律变化，如220V日常生活用电)和非正弦交流电。正弦交流电在工程上得到最广泛的应用，是因为它具有一系列优点：正弦交流电便于传送和分配，交流电机具有结构简便、价格便宜、运行可靠等优点，利用半导体整流器可以很方便地把交流电源转换成直流电源等。

　　本章是变压器、交流电机等内容的理论基础，其难度在于在正弦交流电路中，电阻、电感和电容起着不同的作用，因此，尽管正弦函数是最简单的周期函数，但正弦交流电路的运算还是相当繁琐的。这就迫使我们不得不通过数学变换寻求适合工程计算的简化方法。用一种数学方法作为桥梁，来有效地简化交流电路的运算。这就是本章要重点讨论的相量法。

　　虽然本章讨论的内容进入了一个新的范畴，但是基本的思想体系并没有改变，仍是讨论元器件的伏安特性和能量关系，以及由这些元器件构成的电路中激励与响应的关系。本章内容与工程实际结合比较紧密。在正弦交流电路的计算中，参考方向的概念仍是极其重要的。

4.1 正弦交流电的三要素

　　正弦交流电是指大小和方向都随时间按正弦规律周期变化的电流、电压、电动势的总称。因此，无论是正弦交流电的电流、电压还是电动势，都可用一个随时间变化的函数表示，这个函数式有时又被称为正弦交流电的瞬时表达式。例如一个正弦交流电压可表示为

$$u(t) = U_m \sin(\omega t + \theta_u) \tag{4-1-1}$$

它的波形可用图4.1.1表示。

　　正弦量的特征表现在变化的快慢、大小及初始状态三个方面，在数学上它们分别由频率(或周期)、幅值(或有效值)和初相位来确定。所以频率、幅值和初相位就称为确定正弦量的三要素。

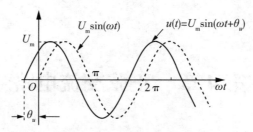

图 4.1.1　正弦交流电压

4.1.1　频率与周期

正弦量的每个值在经过一定的时间后会重复出现(见图 4.1.1),再次重复出现所需的最短时间间隔称为周期,用 T 表示,单位为秒(s)。

每秒钟内重复出现的次数称为频率,用 f 表示,单位是赫兹(Hz)。显然频率是周期的倒数,即

$$f = \frac{1}{T} \tag{4-1-2}$$

频率 f 越大,正弦量变化越快,反之越慢。较高的频率用千赫(kHz)和兆赫(MHz)表示。$1\text{kHz} = 10^3\text{Hz}$,$1\text{MHz} = 10^6\text{Hz}$。我国和大多数国家采用 50Hz 作为电力标准频率,有些国家(如日本)采用 60Hz。这种频率在工业上应用广泛,习惯上也称为工频。通常的交流电动机和照明负载都是工作在这种频率下。在其他各种不同的技术领域使用不同的频率。例如,高频炉的频率是 200~300kHz;中频炉的频率是 500~800Hz;高速电动机的频率是 150~2000Hz;收音机中波段的频率通常是 530~1600kHz,短波段是 2.3~23MHz。

正弦量变化的快慢除用周期和频率表示外,还可用角频率 ω 来表示,因为一周期内经历了 2π 弧度,所以角频率为

$$\omega = \frac{2\pi}{T} = 2\pi f \tag{4-1-3}$$

单位是弧度每秒(rad/s)。

式(4-1-3)表示 T、f、ω 三者之间的关系,知道其中一个变量,其余两个变量均可求出。例如:我国电力标准频率是 50Hz,它的周期和角频率分别为 0.02s 和 314rad/s。

4.1.2　幅值与有效值

正弦量在任一瞬间的值称为瞬时值,用小写字母表示,如 u 和 i 分别表示电压和电流的瞬时值。瞬时值中最大的值称为幅值或最大值(见图 4.1.1),用带下标"m"的大写字母表示,如 U_m、I_m 分别表示电压、电流的幅值。

工程上,关注交流电做功的效果,常用有效值来表示交流电的大小。交流电的有效值是根据交流电的热效应来规定的,让交流电与直流电同时分别通过同样阻值的电阻,如果

它们在同样的时间内产生的热量相等，即

$$\int_0^T i^2(t)Rdt = I^2RT$$

那么，这个交流电流的有效值在数值上就等于这个直流电流的大小。

由上式可得交流电流 i 的有效值为

$$I = \sqrt{\frac{1}{T}\int_0^T i^2 dt}$$

对于正弦交流电流 $\qquad\qquad i(t) = I_m\sin(\omega t)$

因为 $\qquad\qquad \int_0^T \sin^2(\omega t)dt = \int_0^T \frac{1-\cos\omega t}{2}dt = \frac{T}{2}$

所以 $\qquad\qquad I = \sqrt{\frac{1}{T}I_m^2 \cdot \frac{T}{2}} = \frac{I_m}{\sqrt{2}}$ $\qquad\qquad$ (4-1-4)

同理，正弦交流电压的有效值为

$$U = \frac{U_m}{\sqrt{2}} \qquad\qquad (4\text{-}1\text{-}5)$$

习惯规定，有效值都用不加下标的大写字母表示。大部分使用 50Hz 工频的仪器仪表是以有效值来作为测量的刻度的。通常不加申明的正弦交流电压或电流的大小，都是指有效值。例如，我们日常生活所用的 220V 交流电，其最大值为 $(\sqrt{2}\times 220)\text{V} = 311\text{V}$。

4.1.3 初相位

由式(4-1-1)可知，正弦量的初始值($t=0$ 时)为
$$u(0) = U_m\sin\theta_u$$
这里，θ_u 反映了正弦交流电压初始值的大小，称为初相位，简称初相；而 $\omega t + \theta_u$ 称为相位角或相位。初相 θ_u 和相位 $\omega t + \theta_u$ 用弧度(rad)作单位，工程上也常用度(°)作单位。

$$1\text{rad} = \frac{180°}{\pi}$$

不同的相位对应不同的瞬时值，因此，相位反映了正弦量的变化进程。

在正弦交流电路中，经常遇到同频率的正弦量，它们只在幅值及初相上有所区别，如图 4.1.2 所示。

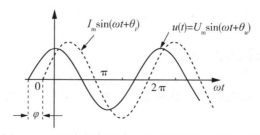

图 4.1.2　两个频率相同、初相不同的电压和电流

这两个频率相同，幅值和初相不同的正弦电压和电流分别表示为

$$u(t) = U_m \sin(\omega t + \theta_u)$$

$$i(t) = I_m \sin(\omega t + \theta_i)$$

初相不同，表示它们随时间变化的步调不一致。例如，它们不能同时达到各自的最大值或零。图中 $\theta_u > \theta_i$，电压 u 比电流 i 先达到正的最大值，称电压 u 比电流 i 超前 $\theta_u - \theta_i$ 角，或称电流 i 比电压 u 滞后 $\theta_u - \theta_i$ 角。

两个同频率的正弦量相位角之差称为相位差，用 φ 表示，即

$$\varphi = (\omega t + \theta_u) - (\omega t + \theta_i) = \theta_u - \theta_i \qquad (4\text{-}1\text{-}6)$$

可见，两个同频率正弦量之间的相位差等于它们的初相角之差，与时间 t 无关，在任何瞬间都是一个常数。

图 4.1.3 表示两个同频率正弦量的两种特殊的相位关系。

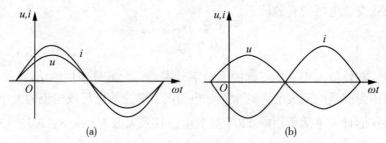

图 4.1.3　两个同频率正弦量的相位关系

在图 4.1.3(a)中，$\varphi = \theta_u - \theta_i = 0$，电压 u 和电流 i 同相。

在图 4.1.3(b)中，$\varphi = \theta_u - \theta_i = \pi$，电压 u 和电流 i 反相。

【例 4-1-1】已知电压 $u_A(t) = 10\sin(\omega t + 60°)$（V）和 $u_B(t) = 10\sqrt{2}\sin(\omega t - 30°)$（V），指出电压的 u_A、u_B 的有效值、初相、相位差，画出 u_A、u_B 的波形图。

解：

$$U_A = \frac{10}{\sqrt{2}} = 5\sqrt{2} = 7.07(\text{V}), \qquad \theta_A = 60°$$

$$U_B = \frac{10\sqrt{2}}{\sqrt{2}} = 10(\text{V}), \qquad \theta_B = -30°$$

$$\varphi = \theta_A - \theta_B = 60° - (-30°) = 90°$$

当两个同频率的正弦量的相位相差 90° 或 -90° 时，称之为正交。

u_A、u_B 波形图如图 4.1.4 所示。

4.1.4　技能训练　正弦量的测量

用函数信号发生器、示波器和万用表验证正弦量幅值和有效值、频率和周期之间的数量关系。

(1)把函数信号发生器的输出端与示波器相连，并将它们连成共"地"端。

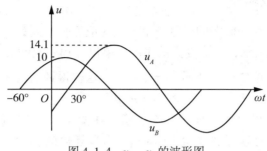

图 4.1.4 u_A、u_B 的波形图

（2）设置函数信号发生器输出正弦波幅度为 2V，频率为 50Hz，用示波器测量波形观察输出幅度、频率和周期，并记录实测周期值，计算角频率。之后改变频率，再次测量、计算并记录。测试结果记入表 4.1.1 中。

（3）设置函数信号发生器输出正弦波幅度为 1V，频率为 50Hz，用万用表测量输出信号的有效值，之后改变幅值，再次测量记录。测试结果记入表 4.1.2 中。

表 4.1.1   **2V 正弦信号有效值测量**

频率/Hz	50	100	200	500	1k	2k
周期/ms						
角频率/rad/s						

表 4.1.2   **50Hz 正弦信号有效值测量**

幅值/V	1V	2V	3V	4V	5V	6V
有效值/V						

4.2 正弦量的相量表示法

如果直接用正弦量的瞬时表达式或波形图来分析计算正弦交流电路，将是非常繁琐和困难的。因此，工程中通常采用复数来表示正弦量，把正弦量的各种运算转化为复数的代数运算，从而使正弦量的分析与计算得以简化，我们把这种方法称为正弦量的相量表示法。

4.2.1 复数

复数及其运算是相量法的基础，因此，下面对复数进行必要的复习。

1. 复数的表示形式

从数学中可知，在复平面上的任意一个 A 点对应着一个复数，如图 4.2.1 所示。复数 A 在实轴上的投影用 a 表示，称为复数的实部，单位是+1；复数 A 在虚轴上的投影用 b 表示，称为复数的虚部，单位用+j 表示，$j = \sqrt{-1}$。这样得到复数 A 的代数式为

$$A = a + jb \tag{4-2-1}$$

复数在复平面上也可以用有向线段来表示。在图 4.2.1 中，把直线 OA 长度记作 r，称作复数的模。把 OA 与实轴的夹角记作 ϕ，称为复数的辐角。于是式（4-2-1）又可表示成

$$A = a + jb = r\cos\phi + jr\sin\phi = r(\cos\phi + j\sin\phi)$$

上式称为复数 A 的三角函数形式。利用欧拉公式

$$e^{j\phi} = \cos\phi + j\sin\phi$$

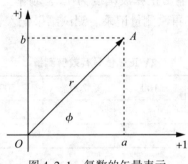

图 4.2.1 复数的矢量表示

上式可表示为

$$A = re^{j\phi} \tag{4-2-2}$$

式（4-2-2）称为复数 A 的指数形式。工程上常把此式记作

$$A = r\angle\phi \tag{4-2-3}$$

式（4-2-3）称为复数 A 的极坐标形式。

2. 复数的四则运算

两个复数相加或相减，就是把它们的实部和虚部分别相加和相减。

设两个复数为：$A_1 = a_1 + jb_1$，$A_2 = a_2 + jb_2$

则

$$A_1 \pm A_2 = (a_1 \pm a_2) + j(b_1 \pm b_2)$$

用复数的极坐标形式表示，乘除运算比较方便。

设两个复数为：$A_1 = r_1\angle\phi_1$，$A_2 = r_2\angle\phi_2$

则

$$A_1 \cdot A_2 = r_1 r_2 \angle(\phi_1 + \phi_2)$$

$$\frac{A_1}{A_2} = \frac{r_1}{r_2} \angle(\phi_1 - \phi_2)$$

4.2.2　相量

任意一个正弦量都可以用旋转的有向线段表示，如图4.2.2所示。有向线段的长度表示正弦量的幅值；有向线段(初始位置)与横轴的夹角表示正弦量的初相位；有向线段旋转的角速度表示正弦量的角频率。正弦量的瞬时值由旋转的有向线段在纵轴上的投影表示。

一个正弦量可以用旋转的有向线段表示，而有向线段可以用复数表示，因此正弦量可以用复数来表示，表示正弦量的复数称为相量。用大写字母表示，并在字母上加一点。

复数的模表示正弦量的幅值或有效值，复数的辐角表示正弦量的初相位。

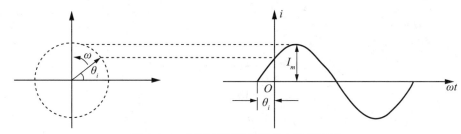

图 4.2.2　正弦量用旋转的有向线段表示

正弦电流 $i(t) = I_m\sin(\omega t + \theta_i)$ 的相量形式为：
幅值相量

$$\dot{I}_m = I_m(\cos\theta_i + j\sin\theta_i) = I_m e^{j\theta_i} = I_m \angle \theta_i \qquad (4\text{-}2\text{-}4)$$

有效值相量

$$\dot{I} = I(\cos\theta_i + j\sin\theta_i) = I e^{j\theta_i} = I \angle \theta_i \qquad (4\text{-}2\text{-}5)$$

相量 $\dot{I}_m$ 包含了该正弦电流的幅值和初相两个要素。给定角频率 ω，就可以完全确定一个正弦电流。

相量在复平面上的图示称为相量图，如图4.2.3所示。经常把几个正弦量的有向线段画在一起，它可以形象地表示出各正弦量的大小和相位关系。从图4.2.3可以看出，电压 $\dot{U}_m$ 超前电流 $\dot{I}_m$，但要注意，只有同频率的正弦量才能画在一张相量图上。

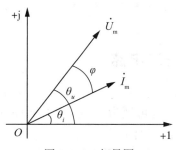

图 4.2.3　相量图

必须指出，相量可以表示正弦量，但相量并不等于正弦量，即

$$\dot{I}_{\mathrm{m}} \neq i(t), \ \dot{U}_{\mathrm{m}} \neq u(t)$$

【例 4-2-1】 写出表示 $u_A(t) = 220\sqrt{2}\sin 314t$（V），$u_B(t) = 220\sqrt{2}\sin(314t - 120°)$（V），$u_C(t) = 220\sqrt{2}\sin(314t + 120°)$（V）的相量，并画出相量图。

解：用有效值相量表示

$$\dot{U}_A = 220\angle 0°（\mathrm{V}）, \ \dot{U}_B = 220\angle(-120°)（\mathrm{V}）, \ \dot{U}_C = 220\angle 120°（\mathrm{V}）$$

相量图如图 4.2.4 所示。

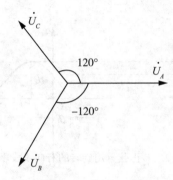

图 4.2.4　例 4-2-1 图

【例 4-2-2】 已知 $u_1(t) = 3\sqrt{2}\sin(314t + 30°)$（V），$u_2(t) = 4\sqrt{2}\sin(314t - 60°)$（V），求 $u(t) = u_1(t) + u_2(t)$。

解：这是两个同频率的相量，相加运算可以转换成对应的相量相加。先求出两个正弦量的对应相量

$$\dot{U}_1 = 3\angle 30° = (2.6 + \mathrm{j}1.5)（\mathrm{V}）$$

$$\dot{U}_2 = 4\angle(-60)° = (2 - \mathrm{j}3.46)（\mathrm{V}）$$

则

$$\dot{U} = \dot{U}_1 + \dot{U}_2 = (2.6 + 2) + \mathrm{j}(1.5 - 3.46) = 4.6 - \mathrm{j}1.96 = 5\angle(-23°)（\mathrm{V}）$$

所以

$$u(t) = 5\sqrt{2}\sin(314t - 23°)（\mathrm{V}）$$

4.3　单一参数的正弦交流电路

在直流稳态电路中，电感元件可视为短路，电容元件可视为开路，电路中只有直流电源、受控源和电阻。但是，在正弦交流稳态电路中，由于电流和电压随着时间交变，因此，电感不能视为短路，电容亦不能视为开路，电路结构较直流稳态电路复杂得多。同

时，电阻、电感和电容的参数不同，表现的性质也不同。本节将重点讨论分别由这三种元件构成单一参数的正弦交流电路时，元件上的电压和电流的关系。

4.3.1 纯电阻电路

在图 4.3.1(a)中的电阻器两端施加正弦交流电压
$$u_R(t) = \sqrt{2} U_R \sin(\omega t + \theta_u)$$
在关联参考方向下，根据欧姆定律，流过电阻器的电流为
$$i_R(t) = \frac{u_R(t)}{R} = \frac{\sqrt{2} U_R}{R} \sin(\omega t + \theta_u) = \sqrt{2} I_R \sin(\omega t + \theta_i)$$

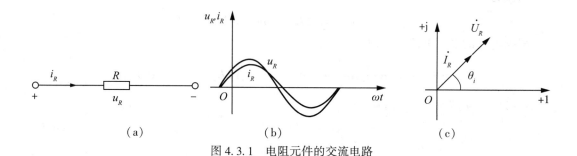

图 4.3.1 电阻元件的交流电路

比较等式两端有
$$I_R = \frac{U_R}{R} \tag{4-3-1}$$

$$\theta_u = \theta_i \tag{4-3-2}$$

电阻元件上电压 u_R 和电流 i_R 的波形图如图 4.3.1(b)所示，纯电阻电路中的电流和电压同相。用相量表示

$$\dot{U}_R = U_R \angle \theta_u$$
$$\dot{I}_R = \frac{U_R}{R} \angle \theta_u = \frac{\dot{U}_R}{R} \tag{4-3-3}$$

用相量图表示如图 4.3.1(c)所示。

显然，式(4-3-3)不仅反映了电阻元件上电压和电流的数量关系，同时也反映了它们的相位关系。

归纳：电阻元件上的正弦电压和电流，数量上遵循欧姆定律，相位上为同相关系。

【例 4-3-1】 在交流电路中接有一段电热丝，已知电热丝的电阻 $R = 100\Omega$，交流电压的表达式为 $u_R(t) = 220\sqrt{2} \sin\left(314t + \dfrac{\pi}{3}\right)$ (V)，求：(1)电路中电流有效值的大小；(2)写出通过电热丝的电流瞬时表达式。

解： 由题意得
$$U_R = 220(\text{V})$$

$$I_R = \frac{U_R}{R} = \frac{220}{100} = 2.2(\text{A})$$

电热丝可看做纯电阻电路，电流与电压同相，故所求表达式为

$$i_R(t) = 2.2\sqrt{2}\sin\left(314t + \frac{\pi}{3}\right)(\text{A})$$

4.3.2　纯电感电路

在图 4.3.2(a)中，假定在任何瞬间，电压 u_L 和电流 i_L 在关联参考方向下，设流过电感的电流为

$$i_L(t) = \sqrt{2}I_L\sin(\omega t + \theta_i)$$

根据电感的电压电流关系得

$$u_L(t) = \sqrt{2}\,\omega L I_L\sin\left(\omega t + \theta_i + \frac{\pi}{2}\right) = \sqrt{2}\,U_L\sin(\omega t + \theta_u)$$

比较等式两端有

$$U_L = \omega L I_L = X_L I_L \tag{4-3-4}$$

$$\theta_u = \theta_i + \frac{\pi}{2} \tag{4-3-5}$$

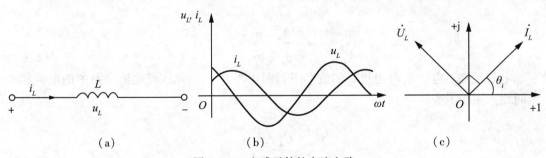

| | (a) | (b) | (c) |

图 4.3.2　电感元件的交流电路

式(4-3-4)中，

$$X_L = \frac{U_L}{I_L} = \omega L = 2\pi f L \tag{4-3-6}$$

式(4-3-6)称为电感元件上的欧姆定律关系式，它表明了电感元件上电压有效值和电流有效值之间的数量关系。X_L 称为感抗，感抗与频率成正比。当频率的单位是 Hz，电感的单位是 H 时，感抗的单位为 Ω。

电感元件上电压 u_L 和电流 i_L 的波形图如图 4.3.2(b)所示，纯电感电路中的电压超前电流 π/2。用相量表示

$$\dot{I}_L = I_L \angle \theta_i$$

$$\dot{U}_L = \omega L I_L \angle \left(\theta_i + \frac{\pi}{2}\right) = \omega L \angle \frac{\pi}{2} \cdot I_L \angle \theta_i$$

因为 $1 \angle \frac{\pi}{2} = + \mathrm{j}$，所以上式可写为

$$\dot{U}_L = \mathrm{j}\omega L \dot{I}_L = \mathrm{j}X_L \dot{I}_L \tag{4-3-7}$$

用相量图表示如图 4.3.2(c)所示。

归纳：电感元件上的电压和电流有效值数量上符合相当于欧姆定律的关系，其中起阻碍电流作用的是感抗 X_L，X_L 与频率成正比；相位上电压、电流成正交关系，且电流滞后电压 90°。

【例 4-3-2】 已知某线圈 $L = 2.5\mathrm{mH}$，两端的电压为 $u_L(t) = 15\sqrt{2}\sin\left(1570t + \frac{\pi}{3}\right)\mathrm{V}$，求：(1)线圈的感抗 X_L 和通过线圈的电流有效值 I_L；(2)写出通过线圈的电流瞬时表达式。

解：(1)由题意得 $X_L = \omega L = 1570 \times 2.5 \times 10^{-3} = 3.925(\Omega)$

线圈中电流有效值为 $I_L = \dfrac{U_L}{X_L} = \dfrac{15}{3.925} = 3.82(\mathrm{A})$

(2)因为 $\theta_i = \theta_u - \dfrac{\pi}{2} = \dfrac{\pi}{3} - \dfrac{\pi}{2} = -\dfrac{\pi}{6}$

所以 $i_L(t) = 3.82\sqrt{2}\sin\left(1570t - \dfrac{\pi}{6}\right)(\mathrm{A})$

4.3.3 纯电容电路

在图 4.3.3(a)中，假定在任何瞬间，电压 u_C 和电流 i_C 在关联参考方向下，设电容两端的电压为

$$u_C(t) = \sqrt{2}U_C\sin(\omega t + \theta_u)$$

根据电容的电压电流关系得

$$i_C(t) = \sqrt{2}\omega C U_C\sin\left(\omega t + \theta_u + \frac{\pi}{2}\right) = \sqrt{2}I_C\sin(\omega t + \theta_i)$$

比较等式两端有

$$I_C = \omega C U_C = \frac{U_C}{X_C} \tag{4-3-8}$$

$$\theta_i = \theta_u + \frac{\pi}{2} \tag{4-3-9}$$

式(4-3-8)中

$$X_C = \frac{U_C}{I_C} = \frac{1}{\omega C} = \frac{1}{2\pi f C} \tag{4-3-10}$$

X_C 称为容抗，容抗与频率成反比。当频率的单位是 Hz、电容的单位是 F 时，容抗的

单位为 Ω。容抗与感抗类似，反映了电容元件对正弦交流电流的阻碍作用。当频率 $f=0$ 时，容抗 X_C 趋于无穷大，说明直流下电容元件相当于开路；高频情况下，容抗极小，电容元件又可视为短路。所以，通常人们说电容器具有"隔直通交"作用，实际上就是指频率对容抗的影响。

电容元件上电压 u_C 和电流 i_C 的波形图如图 4.3.3(b) 所示，纯电容电路中的电流超前电压 $\pi/2$。

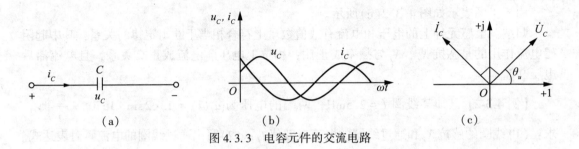

图 4.3.3　电容元件的交流电路

用相量表示

$$\dot{U}_C = U_C \angle \theta_u$$

$$\dot{I}_C = \omega C U_C \angle \left(\theta_u + \frac{\pi}{2} \right) = \omega C \angle \frac{\pi}{2} \cdot U_C \angle \theta_u$$

上式亦可写为

$$\dot{I}_C = j\omega C \dot{U}_C = \frac{\dot{U}_C}{-jX_C} \tag{4-3-11}$$

用相量图表示如图 4.3.3(c) 所示。

归纳：电容元件上的电压和电流有效值数量上符合相当于欧姆定律的关系，其中起阻碍电流作用的是容抗 X_C，X_C 与频率成反比；相位上电压、电流成正交关系，其电流超前电压 90°。

【例 4-3-3】已知 $C=75\mu\text{F}$，接通正弦交流电压为 $u_C(t) = 380\sqrt{2} \sin (314t + 52°)\text{V}$，求电容的容抗 X_C 和流过电容的电流 $i_C(t)$。

解：由题意得

$$X_C = \frac{1}{\omega C} = \frac{1}{314 \times 75 \times 10^{-6}} = 44.32(\Omega)$$

则

$$\dot{I}_C = j\omega C \dot{U}_C = \frac{\dot{U}_C}{-jX_C}$$

$$= \frac{380 \angle 52°}{-j44.32} = \frac{380 \angle 52°}{44.32 \angle (-90°)}$$

$$= 8.59 \angle 142°(\text{A})$$

所以

$$i_C(t) = 8.59\sqrt{2}\sin(314t + 142°)(\text{A})$$

正弦稳态电路中单一元件电压和电流关系如表 4.3.1 所示，包含幅值关系（有效值关系）和相位关系。

表 4.3.1　　　　　　　　　　　　　单一参数电路中的基本关系

元件	时域形式	有效值关系符合欧姆定律	相位关系	相量图
$i(t)$ R $u(t)$	$u = Ri$	$U = RI$	$\theta_u = \theta_i$	$\dot{I}$ $\dot{U}$ θ O $+1$
$i(t)$ L $u_L(t)$	$u = L\dfrac{\mathrm{d}i}{\mathrm{d}t}$	$U = \omega LI$	$\theta_u = \theta_i + 90°$	$\dot{U}$ $\dot{I}$ θ_i O $+1$
$i_C(t)$ C $u(t)$	$i = C\dfrac{\mathrm{d}u}{\mathrm{d}t}$	$I = \omega CU$	$\theta_i = \theta_u + 90°$	$\dot{I}$ $\dot{U}$ θ_u O $+1$

4.3.4　技能训练　R、L、C 元件阻抗频率特性的测试

实验电路如图 4.3.4 所示，图中：$r = 300\Omega$，$R = 1\text{k}\Omega$，$L = 10\text{mH}$，$C = 0.01\mu\text{F}$。选择信号源正弦波输出作为输入电压 u_s，调节信号源输出电压幅值，并用交流毫伏表测量，使输入电压 u_s 的有效值 $U_s = 2\text{V}$，并保持不变。

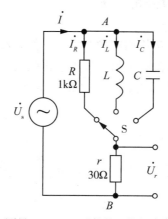

图 4.3.4　测量 R、L、C 元件的阻抗频率特性电路图

　　用导线分别接通 R、L、C 三个元件，调节信号源的输出频率，从 1kHz 逐渐增至 20kHz(用频率计测量)，用交流毫伏表分别测量 U_R、U_L、U_C 和 U_r，将实验数据记入表 4.3.2 中。并通过计算得到各频率点的 R、X_L 和 X_C。

表 4.3.2　　　　　　　　　　　**R、L、C 元件的阻抗频率特性实验数据**

频率 f(kHz)		1	2	5	10	15	20
R(kΩ)	U_r(V)						
	I_R(mA) = U_r/r						
	U_R(V)						
	$R = U_R/I_R$						
X_L(kΩ)	U_r(V)						
	I_L(mA) = U_r/r						
	U_L(V)						
	$X_L = U_L/I_L$						
X_C(kΩ)	U_r(V)						
	I_C(mA) = U_r/r						
	U_C(V)						
	$X_C = U_C/I_C$						

4.4　正弦交流电路的分析

4.4.1　正弦交流电路的一般分析方法

　　将正弦交流电路中的电压、电流用相量表示，元件参数用阻抗来代替。运用基尔霍夫定律的相量形式和元件欧姆定律的相量形式来求解正弦交流电路的方法称为相量法。运用相量法分析正弦交流电路时，直流电路中的结论、定理和分析方法同样适用于正弦交流电路。

　　1. 基尔霍夫定律的相量形式

基尔霍夫电流定律的相量形式：对于电路中的任一节点在任一时刻有

$$\Sigma \dot{I} = 0 \qquad\qquad (4\text{-}4\text{-}1)$$

该式表示，在任一时刻，流经电路任一节点的电流相量的代数和为零。

基尔霍夫电压定律的相量形式：在电路中，任一时刻沿任一闭合回路有

$$\Sigma \dot{U} = 0 \tag{4-4-2}$$

该式表示，在任一时刻，沿任一闭合回路的各支路电压相量的代数和为零。

【例 4-4-1】 如图 4.4.1 所示，流过元件 A、B 的电流分别为 $i_A(t) = 6\sqrt{2}\sin(\omega t + 30°)\mathrm{A}$，$i_B(t) = 8\sqrt{2}\sin(\omega t - 60°)\mathrm{A}$，求总电流 i。

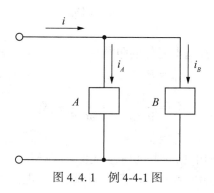

图 4.4.1　例 4-4-1 图

解：

$$\dot{I}_A = 6\angle 30° = 5.196 + \mathrm{j}3(\mathrm{A})$$

$$\dot{I}_B = 8\angle(-60°) = 4 - \mathrm{j}6.928(\mathrm{A})$$

根据 KCL 的相量形式有

$$\dot{I} = \dot{I}_A + \dot{I}_B = 5.196 + \mathrm{j}3 + 4 - \mathrm{j}6.928 = 9.196 - \mathrm{j}3.928 = 10\angle(-23.1°)(\mathrm{A})$$

$$i(t) = 10\sqrt{2}\sin(\omega t - 23.1°)(\mathrm{A})$$

2. 阻抗及欧姆定律的相量形式

1）阻抗的定义

如图 4.4.2 所示，无源二端网络端口电压相量和端口电流相量的比值为该无源二端网络的阻抗，用符号 Z 表示，即

$$Z = \frac{\dot{U}}{\dot{I}} = \frac{U}{I}\angle(\theta_u - \theta_i) = |Z|\angle\varphi_Z = R + \mathrm{j}X \tag{4-4-3}$$

式中，$|Z|$ 称为阻抗模，表明二端网络端口电压和电流的大小关系；φ_Z 称为阻抗角，表明二端网络端口电压和电流的相位关系，体现电路的性质；R 为阻抗实部，表明二端网络等效电阻大小；X 为阻抗虚部，称为电抗，表明二端网络等效电抗大小。

这个式子也可写成

$$\dot{U} = Z\dot{I} \tag{4-4-4}$$

它与直流电路欧姆定律相似，称为欧姆定律的相量形式。

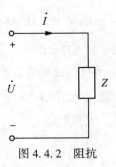

图 4.4.2　阻抗

2）电阻、电容和电感三种基本元件的阻抗

$$Z_R = R$$

$$Z_C = \frac{1}{\mathrm{j}\omega C} = -\mathrm{j}\frac{1}{\omega C} = -\mathrm{j}X_C \tag{4-4-5}$$

$$Z_L = \mathrm{j}\omega L = \mathrm{j}X_L$$

由式 4-4-5 可知，电容和电感的阻抗均为虚数，j 在相位上表示 90°。电容的阻抗的虚部是负值，小于零，也就表明电容的电压滞后电流 90°；电感的阻抗的虚部是正值，大于零，也就表明电感的电压超前电流 90°。显然与之前的结论是一致的。

3）阻抗的串联与分压

如图 4.4.3(a)所示，两个阻抗串联，有

$$Z = Z_1 + Z_2 \tag{4-4-6}$$

$$\dot{U}_1 = \frac{Z_1}{Z_1 + Z_2}\dot{U}, \ \dot{U}_2 = \frac{Z_2}{Z_1 + Z_2}\dot{U} \tag{4-4-7}$$

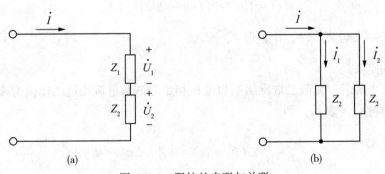

(a)　　　　　　　　　　(b)

图 4.4.3　阻抗的串联与并联

4）阻抗的并联与分流

如图 4.4.3(b)所示，两个阻抗并联，有

$$Z = \frac{Z_1 Z_2}{Z_1 + Z_2} \tag{4-4-8}$$

$$\dot{I}_1 = \frac{Z_2}{Z_1 + Z_2}\dot{I}, \ \dot{I}_2 = \frac{Z_1}{Z_1 + Z_2}\dot{I} \tag{4-4-9}$$

【例4-4-2】如图4.4.3(b)所示，两个阻抗 $Z_1 = 3 + j4\Omega$，$Z_2 = 8 - j6\Omega$，并联在220V的电源上，试计算各支路的电流和总电流。

解：设并联电路两端电压相量为 $\dot{U} = 220\angle0°V$

$Z_1 = 3 + j4 = 5\angle53°(\Omega)$，$Z_2 = 8 - j6 = 10\angle(-37°)(\Omega)$

$$Z = \frac{Z_1 Z_2}{Z_1 + Z_2} = \frac{5\angle53° \times 10\angle(-37°)}{3 + j4 + 8 - j6} = \frac{50\angle16°}{11.8\angle(-10.5°)} = 4.47\angle26.5°(\Omega)$$

$$\dot{I} = \frac{\dot{U}}{Z} = \frac{220\angle0°}{4.47\angle26.5°} = 49.2\angle(-26.5°)(A)$$

$$\dot{I}_1 = \frac{\dot{U}}{Z_1} = \frac{220\angle0°}{5\angle53°} = 44\angle(-53°)(A)$$

$$\dot{I}_2 = \frac{\dot{U}}{Z_2} = \frac{220\angle0°}{10\angle(-37°)} = 22\angle(37°)(A)$$

【例4-4-3】如图4.4.4(a)所示，求电流表A的读数。

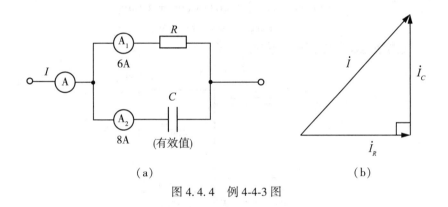

（a）   （b）

图4.4.4 例4-4-3图

解：设并联电路两端电压相量为 $\dot{U} = U\angle0°V$，
由电阻和电容的电压电流关系可得：

$$\dot{I}_R = 6\angle0°A，\dot{I}_C = 8\angle90°A$$

画出相量图如图4.4.4(b)所示，显然

$$I = \sqrt{6^2 + 8^2} = 10(A)$$

5）电路的性质

含电阻、电感和电容的线性电路，其总阻抗由总电阻(R)和总电抗(X)构成。电阻元件肯定是消耗电能的。电路中总的电抗是由等效的感抗(X_L)与等效的容抗(X_C)的和所决定的，这也说明电路中电感和电容的作用是互相抵消的，因为在同一瞬间，如果电感元件将电能转换为磁场能，吸收功率，同时电容元件就将电场能转换为电能，发出功率，反之亦然。因此，对于电路来说，具体转换多少能量是由电感元件和电容元件转换能量的

差值。

（1）当 $X>0$ 时，$\varphi_Z>0$，则电压超前电流，电路呈电感性。此时电路可以等效为 RL 串联电路。

（2）当 $X<0$ 时，$\varphi_Z<0$，则电压滞后电流，电路呈电容性。此时电路可以等效为 RC 串联电路。

（3）当 $X=0$ 时，$\varphi_Z=0$（假设电路中不含受控源），则电压与电流同相，电路呈电阻性。此时与单一参数电阻电路不同的是电路发生谐振。

4.4.2 正弦交流电的功率

1. 瞬时功率

设有一无源二端网络，如图 4.4.5 所示。其电流、电压分别为

$$i(t) = \sqrt{2}I\sin\omega t, \quad u(t) = \sqrt{2}U\sin(\omega t + \varphi)$$

则瞬时功率为

$$p(t) = u(t)i(t) = 2UI\sin(\omega t + \varphi)\sin\omega t$$
$$= UI[\cos\varphi - \cos(2\omega t + \varphi)]$$

式中，φ 为二端网络电压与电流的相位差。

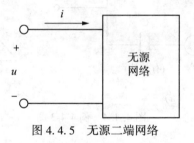

图 4.4.5 无源二端网络

2. 有功功率

我们把一个周期内瞬时功率的平均值称为平均功率或称为有功功率，用字母 P 表示，即

$$P = \frac{1}{T}\int_0^T p\,\mathrm{d}t = \frac{1}{T}\int_0^T UI[\cos\varphi - \cos(2\omega t + \varphi)]\,\mathrm{d}t$$
$$= UI\cos\varphi \tag{4-4-10}$$

式（4-4-10）表明，正弦电路的平均功率不仅取决于电压和电流的有效值，而且还与它们的相位差有关。其中，$\cos\varphi$ 称为电路的功率因数，φ 也称为功率因数角。

对于电阻元件， $\varphi=0$，$P_R = U_R I_R = I_R^2 R \geqslant 0$

对于电感元件， $\varphi = \dfrac{\pi}{2}$，$P_L = U_L I_L \cos\dfrac{\pi}{2} = 0$

对于电容元件，　$\varphi = -\dfrac{\pi}{2}$，$P_C = U_C I_C \cos\left(-\dfrac{\pi}{2}\right) = 0$

可见，在正弦交流电路中，电阻总是消耗电能的；电感、电容元件只与电源进行能量交换，实际不消耗电能。有功功率实际上就是二端网络中各电阻消耗的功率之和，其单位是瓦特（W）。

3. 无功功率

二端网络的无功功率定义为

$$Q = UI\sin\varphi \tag{4-4-11}$$

Q 表示二端网络与外电路进行能量交换的规模。为了区别于有功功率，无功功率用乏（VAR）作为单位。

对于电阻元件，　$\varphi = 0$，$Q_R = 0$

对于电感元件，　$\varphi = \dfrac{\pi}{2}$，$Q_L = U_L I_L = I_L^2 X_L > 0$

对于电容元件，　$\varphi = -\dfrac{\pi}{2}$，$Q_C = -U_C I_C = -I_C^2 X_C < 0$

可见，在纯电感或电容电路中，没有能量消耗，只有电源与电感或电容元件间的能量互换。这种能量互换的规模可用无功功率 Q 来衡量。

4. 视在功率

二端网络的视在功率定义为

$$S = UI \tag{4-4-12}$$

S 表明电源向二端网络提供的总功率。为了与有功功率、无功功率相区别，视在功率用伏·安（V·A）作为单位。

根据对有功功率、无功功率和视在功率的分析，可以得到下式

$$S^2 = P^2 + Q^2 \tag{4-4-13}$$

由上面的分析很容易作出功率三角形，功率三角形如图 4.4.6 所示。

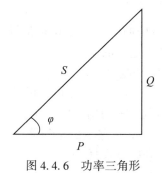

图 4.4.6　功率三角形

【例 4-4-4】已知一阻抗 Z 上的电压、电流分别为 $\dot{U} = 220\angle 30° \text{ V}$，$\dot{I} = 5\angle(-30)° \text{ A}$，

且电压和电流的参考方向已知，求 Z、$\cos\varphi$、P、Q 和 S。

解：
$$Z = \frac{\dot{U}}{\dot{I}} = \frac{220\angle 30°}{5\angle(-30°)} = 44\angle 60°(\Omega)$$

$$\cos\varphi = \cos 60° = 0.5$$

$$P = UI\cos\varphi = 220 \times 5 \times \cos 60° = 550(W)$$

$$Q = UI\sin\varphi = 220 \times 5 \times \sin 60° = 550\sqrt{3}(var)$$

$$S = \sqrt{P^2 + Q^2} = \sqrt{550^2 + (550\sqrt{3})^2} = 1100(V \cdot A)$$

5. 功率因数提高的意义和方法

功率因素是电力技术中的一个重要指标，提高功率因素对于国民经济和电力系统发展具有重要的意义。

(1)充分利用供电设备的容量，使同样的供电设备为更多的用电器供电。

每个供电设备都有额定的容量，即视在功率 $S = UI$。供电设备输出的总功率 S 中，一部分为有功功率 $P = S\cos\varphi$，另一部分为无功功率 $Q = S\sin\varphi$。$\cos\varphi$ 越小，电路中的有功功率 P 就越小。提高 $\cos\varphi$ 的值，可使同等容量的供电设备向用户提供更多的功率。同时，提高供电设备的能量利用率。

【例 4-4-5】 一台发电机的额定电压为 220V，输出的总功率为 4400kV·A。试求：(1)该发电机能带动多少个 220V、4.4kW、$\cos\varphi = 0.5$ 的用电器正常工作？(2)该发电机能带动多少个 220V、4.4kW、$\cos\varphi = 0.8$ 的用电器正常工作？

解：(1)每台用电器占用电源的功率：$S_{1台} = \dfrac{P_{N1台}}{\cos\varphi} = \dfrac{4.4}{0.5} = 8.8(kV \cdot A)$

该发电机能带动的电器个数：$n = \dfrac{S_{N电源}}{S_{1台}} = \dfrac{4400 \times 10^3}{8.8 \times 10^3} = 500(台)$

(2)每台用电器占用电源的功率：$S_{1台} = \dfrac{P_{N1台}}{\cos\varphi} = \dfrac{4.4}{0.8} = 5.5(kV \cdot A)$

该发电机能带动的电器个数：$n = \dfrac{S_{N电源}}{S_{1台}} = \dfrac{4400 \times 10^3}{5.5 \times 10^3} = 800(台)$

可见，将功率因数从 0.5 提高到 0.8，发电机正常供电的用电器的个数即从 500 个提高到 800 个，使同样的供电设备为更多的用电器供电，大大提高供电设备的能量利用率。

(2)减少供电线路上的电压降和能量损耗。

由 $P = UI\cos\varphi$，可知，$I = P/(U\cos\varphi)$，故用电器的功率因数越低，则用电器从电源吸取的电流就越大，输电线路上的电压降和功率损耗就越大；用电器的功率因数越高，则用电器从电源吸取的电流就越小，输电线路上的电压降和功率损耗就越小。故提高功率因数，能减少供电线路上的电压降和能量损耗。

【例 4-4-6】 一台发电机以 400V 的电压输给负载 6kW 的电力，如果输电线总电阻为 1Ω，试计算：

(1)当负载的功率因数从 0.5 提高到 0.75 时，输电线上的电压降可减小多少？

（2）当负载的功率因数从 0.5 提高到 0.75 时，输电线上一天可少损失多少电能？

解：（1）当 $\cos\varphi = 0.5$ 时，输电线上的电流 $I_1 = \dfrac{P}{U\cos\varphi} = \dfrac{6 \times 10^3}{400 \times 0.5} = 30(\mathrm{A})$

输电线上的电压降 $\Delta U_1 = I_1 R = 30 \times 1 = 30(\mathrm{V})$

$\cos\varphi = 0.75$ 时，输电线上的电流 $I_2 = \dfrac{P}{U\cos\varphi} = \dfrac{6 \times 10^3}{400 \times 0.75} = 20(\mathrm{A})$

输电线上电压降减小的数值：

$$\Delta U = \Delta U_1 - \Delta U_2 = 30 - 20 = 10(\mathrm{V})$$

（2）当 $\cos\varphi = 0.5$ 时输电线上的电能损耗：$W_{1损} = I_1^2 R = 30^2 \times 1 = 900(\mathrm{W})$

当 $\cos\varphi = 0.75$ 时输电线上的电能损耗：$W_{2损} = I_2^2 R = 20^2 \times 1 = 400(\mathrm{W})$

输电线上一天可少损失的电能

$$\Delta W = (900 - 400) \times 24 = 12000(\mathrm{W} \cdot \mathrm{h}) = 12(度)$$

因此，为了充分利用电气设备的容量和减少线路损失，就需要提高功率因数。功率因数不高主要是由于大量电感性负载的存在。工厂生产中广泛使用的三相异步电动机、变压器都相当于电感性负载。在额定负载时，功率因数为 0.7~0.9，轻载或空载时功率因数常常只有 0.2~0.3。为了提高功率因数，常用的方法有自然补偿和人工补偿这两种。

自然补偿主要从合理选用电器设备及其运行方式等方面着手。例如恰当选择电动机容量，减少电动机无功消耗，防止"大马拉小车"；避免电机或设备空载运行；改善配电线路布局，避免曲折迂回等。

人工补偿一般多采用电力电容器补偿无功功率，就是在电感性负载的两端并联适当大小的电容器，其电路图和相量图如图 4.4.7 所示。电感性负载电路中的电流滞后于电压，并联电容器后可产生超前电压 90°的电容支路电流，抵消滞后于电压的电流，使电路的总电流减小，从而减小阻抗角，提高功率因数。

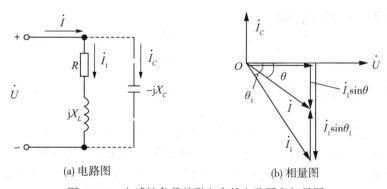

(a) 电路图　　　　　　　　(b) 相量图

图 4.4.7　电感性负载并联电容的电路图和相量图

4.4.3　技能训练　提高功率因素的研究

实验电路如图 4.4.8 所示。按照实验电路图接线，按下按钮开关，记录功率表、功率因数表、电流表、电压表的读数；从小到大增加电容值，记录不同电容值时的功率表、功率因数表、电压表和电流表的读数，并填入表 4.4.1 中。

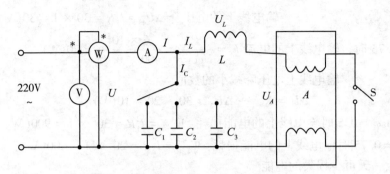

图 4.4.8　实验测试电路

表 4.4.1　　提高电感性负载功率因数实验数据

$C(\mu F)$	$U(V)$	$U_C(V)$	$U_L(V)$	$I(A)$	$I_C(A)$	$I_L(A)$	$P(W)$	$\cos\varphi$
0.22								
0.47								
1								
2.2								
4.3								

4.5　交流电路中的谐振

4.5.1　*RLC* 串联电路与串联谐振

由电阻、电感、电容元件串联组成的电路称为 *RLC* 串联电路，如图 4.5.1(a) 所示。由于这种电路包含了 R、L、C 三个不同的电路参数，所以是最具一般意义的串联电路。常用的串联电路，都可认为是它的特例。下面分析电阻、电感和电容串联电路。

在串联电路中，通过各元件的电流相同，所以，对串联电路一般选择电流为参考正弦量，电流与各元件电压的参考方向如图 4.5.1(a) 所示。

假设电流为 $i(t) = \sqrt{2}I\sin\omega t$，由该图可列出 KVL 方程如下

$$u(t) = u_R(t) + u_L(t) + u_C(t) = \sqrt{2}U(\sin\omega t + \varphi)$$

$$\dot{U} = \dot{U}_R + \dot{U}_L + \dot{U}_C$$

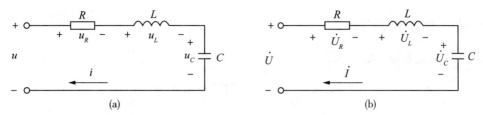

图 4.5.1 *RLC* 串联交流电路

已知

$$\dot{U}_R = R\dot{I}, \quad \dot{U}_L = j\omega L \dot{I}, \quad \dot{U}_C = \frac{1}{j\omega C}\dot{I}$$

所以有

$$\dot{U} = R\dot{I} + j\omega L\dot{I} + \frac{1}{j\omega C}\dot{I}$$

$$= \left[R + j\left(\omega L - \frac{1}{\omega C}\right) \right]\dot{I}$$

由式(4-4-4)欧姆定律的相量形式可知

$$Z = R + j\left(\omega L - \frac{1}{\omega C}\right) \tag{4-5-1}$$

有

$$|Z| = \sqrt{R^2 + (X_L - X_C)^2}, \quad \varphi = \arctan \frac{X_L - X_C}{R}$$

复阻抗 Z 的实部是电阻 R，虚部 $X = X_L - X_C$ 是感抗和容抗的代数和，称为电抗。电抗 X 是角频率 ω 的函数，X 随 ω 的变化情况如图 4.5.2 所示。由图可知，当 $\omega = \omega_0$ 时

$$X = X_L - X_C = 0$$

即

$$\omega_0 L - \frac{1}{\omega_0 C} = 0 \tag{4-5-2}$$

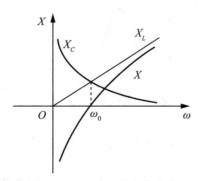

图 4.5.2 X 随 ω 的变化情况

此时整个 *RLC* 串联电路的复阻抗 $Z = R\angle 0°$，即整个电路呈电阻性，电路的端口电压与电流出现了相位相同的情况，通常把此时电路的工作状况称为谐振。发生在串联电路中

的谐振称为串联谐振。同理，发生在并联电路中的谐振称为并联谐振。

1. 串联谐振的条件

式(4-5-2)是发生串联谐振的条件，此时，

$$\omega_0 = \frac{1}{\sqrt{LC}}, \quad \omega_0 \text{ 称为谐振角频率} \qquad (4\text{-}5\text{-}3)$$

或

$$f_0 = \frac{1}{2\pi\sqrt{LC}}, \quad f_0 \text{ 称为谐振频率} \qquad (4\text{-}5\text{-}4)$$

可见，调节 L、C 或电源频率 f 都可使电路发生谐振。

2. 谐振特征

(1)谐振时的感抗和容抗数值上相等，称为谐振电路的特性阻抗，记为 ρ。

$$\rho = X_{L_0} = X_{C_0} \mid = \omega_0 L = \omega_0 C = \sqrt{\frac{L}{C}} \qquad (4\text{-}5\text{-}5)$$

(2)电路呈纯阻性。电源供给电路的能量全被电阻所消耗，电源与电路之间不发生能量互换。能量的互换只发生在电感线圈与电容器之间。也就有

$$Z_0 = R \qquad (4\text{-}5\text{-}6)$$
$$U_{R_0} = U \qquad (4\text{-}5\text{-}7)$$

(3)电流随角频率 ω 的变化情况如图 4.5.3 所示。当 $\omega = \omega_0$ 电路谐振时电路的阻抗 $Z_0 = R$，阻抗模值最小，当外加电压不变时，电流最大。

$$I_0 = \frac{U}{R} \qquad (4\text{-}5\text{-}8)$$

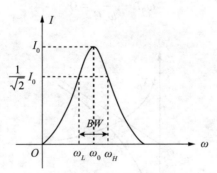

图 4.5.3　I 随 ω 变化的曲线

(4)串联谐振时，U_L 和 U_C 都高于电源电压 U，所以串联谐振也称电压谐振。通常用品质因数 Q 表示 U_L 或 U_C 与 U 的比值，即

$$Q = \frac{U_C}{U} = \frac{U_L}{U} = \frac{\omega_0 L}{R} = \frac{1}{\omega_0 CR} = \frac{\rho}{R} \qquad (4\text{-}5\text{-}9)$$

它表示在谐振时电容或电感元件上的电压是电源电压的 Q 倍。若 U_L 与 U_C 过高，可能会击穿电感线圈和电容器的绝缘材料，在电力工程中一般应尽力避免发生串联谐振。但在无线电工程中，常利用串联谐振进行选频，并且抑制干扰信号。

4.5.2 *RLC* 并联电路与并联谐振

如图 4.5.4 所示是电容器与电感线圈并联的电路。

电路的等效阻抗为

$$Z = \frac{\dfrac{1}{\mathrm{j}\omega C}(r + \mathrm{j}\omega L)}{\dfrac{1}{\mathrm{j}\omega C} + (r + \mathrm{j}\omega L)}$$

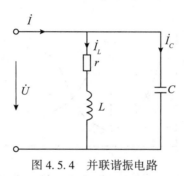

图 4.5.4　并联谐振电路

1. 并联谐振的条件

如图 4.5.4 所示的电路发生谐振，则电压 u 和电流 i 同相，即电路的等效阻抗为实数。一般发生谐振时 $\omega L \gg r$，实际工程中 r 可近似为电感的内阻。故

$$Z \approx \frac{\dfrac{L}{C}}{\dfrac{1}{\mathrm{j}\omega C} + (r + \mathrm{j}\omega L)} = \frac{1}{\dfrac{rC}{L} + \mathrm{j}\left(\omega C - \dfrac{1}{\omega L}\right)} \qquad (4\text{-}5\text{-}10)$$

显然，发生谐振的条件是

$$\omega_0 C - \frac{1}{\omega_0 L} = 0$$

由此得到并联谐振频率

$$\omega_0 = \frac{1}{\sqrt{LC}} \text{ 或 } f_0 = \frac{1}{2\pi\sqrt{LC}}$$

由此可见，并联谐振频率与串联谐振频率近似相等。

2. 并联谐振的特征

(1)令

$$R = \frac{L}{Cr}$$

由式(4-5-10)可知，并联谐振时电路的阻抗模 $|Z_0| = R$，其值最大，在电源电压 u 不变的情况下，电路中的电流达到最小值，即

$$I_0 = \frac{U}{|Z_0|} = \frac{U}{R} \tag{4-5-11}$$

阻抗模 $|Z|$ 与电流 I 的谐振曲线如图 4.5.5 所示。

(2)由于 u 和 i 同相，故电路呈纯阻性。

(3)谐振时并联支路的电流比总电流大很多倍，所以并联谐振又称电流谐振。通常用品质因数 Q 表示支路电流 I_L 或 I_C 与总电流 I_0 的比值，即

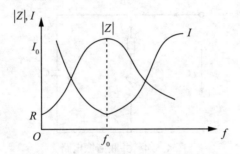

图 4.5.5　阻抗模 $|Z|$ 与电流 I 的谐振曲线

$$Q = \frac{I_C}{I_0} = \frac{I_L}{I_0} = \frac{\omega_0 L}{r} = \omega_0 CR \tag{4-5-12}$$

并联谐振在无线电工程和工业电子技术中也常用到，例如利用并联谐振时阻抗模高的特点进行选频或消除干扰。

4.5.3　技能训练　*RLC* 串联谐振电路特性的测试

(1)按图 4.5.6 组成监视、测量电路。用交流毫伏表测电压，令其输出有效值为 1V，并保持不变。图中 $L = 9\text{mH}$，$R = 51\Omega$，$C = 0.033\mu\text{F}$。

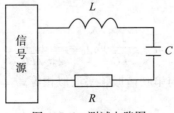

图 4.5.6　测试电路图

（2）测量 R、L、C 串联电路谐振频率选取，调节信号源正弦波输出电压频率，由小逐渐变大，并用交流毫伏表测量电阻 R 两端电压 U_R，当 U_R 的读数为最大时，读得频率计上的频率值即为电路的谐振频率 f_0，并测量此时的 U_C 与 U_L 值（注意及时更换毫伏表的量限），将测量数据记入自拟的数据表格中。

（3）测量 R、L、C 串联电路的幅频特性

在上述实验电路的谐振点两侧，调节信号源正弦波输出频率，按频率递增或递减 500Hz 或 1kHz，依次各取 7 个测量点，逐点测出 U_R、U_L 和 U_C 值，记入表 4.5.1 中。

（4）在上述实验电路中，改变电阻值，使 $R = 100\Omega$，重复步骤（1）和步骤（2）的测量过程，将幅频特性数据记入表 4.5.2 中。

表 4.5.1　　　　　　　　　　　　　　　　幅频特性实验数据一

$f(\mathrm{kHz})$													
$U_R(\mathrm{V})$													
$U_L(\mathrm{V})$													
$U_C(\mathrm{V})$													

表 4.5.2　　　　　　　　　　　　　　　　幅频特性实验数据二

$f(\mathrm{kHz})$													
$U_R(\mathrm{V})$													
$U_L(\mathrm{V})$													
$U_C(\mathrm{V})$													

实验注意事项：

（1）测试频率点的选择应在靠近谐振频率附近多取几点，在改变频率时，应调整信号输出电压，使其维持在 1V 不变。

（2）在测量 U_L 和 U_C 数值前，应将毫伏表的量限改大约十倍，而且在测量 U_L 与 U_C 时毫伏表的"+"端接电感与电容的公共点。

【思考题】

（1）RLC 电路串联谐振和并联谐振的条件和特征分别是什么？

（2）信号源内阻对谐振电路的选频特性有没有影响？

习　题

4.1　填空题

（1）随_____按_____规律变化的交流电称为正弦交流电。

（2）交流电的有效值跟幅值的关系为：_____。频率跟周期的关系为：_____。

（3）交流电路中的负载元件有_____、_____和_____。

（4）正弦交流电的三要素是幅值、_____和_____。

（5）在 *RLC* 串联电路中，电阻是_____元件，故有有功功率；电感和电容是_____元件，所以是无功功率。

（6）容抗表示_____对通过的_____所呈现的阻碍作用。

（7）为提高电力系统的功率因数，常在负载两端_____，此方法称为_____。

（8）已知正弦交流电流 $i_1(t) = 10\sqrt{2}\sin(314t + 90°)$ A，$i_2(t) = 10\sqrt{2}\sin(314t + 30°)$ A，则 i_1 和 i_2 的有效值相量表达式分别是_____和_____。

（9）*RLC* 交流电路能够发生串联谐振和并联谐振现象。根据谐振特点的不同，其中称为"电流谐振"的是_____谐振，称为"电压谐振"的是_____谐振。

4.2　判断题

（1）我国发电厂发出的正弦交流电的频率为 50Hz，这个频率习惯上称为"工频"。（　　　）

（2）交流电在单位时间内电角度的变化量称为角频率。（　　　）

（3）在纯电阻电路中，电流与电压的瞬时值、最大值和有效值都符合欧姆定律。（　　　）

（4）正弦信号角频率和频率之间的关系是 $\omega = 2\pi/f$。（　　　）

（5）不同频率的正弦量的加减运算才能运用平行四边形法则求和。（　　　）

（6）在纯电容正弦电路中，电压超前电流。（　　　）

（7）发生串联谐振时，总阻抗最小，总电流也最小。（　　　）

（8）在 *RLC* 串联电路中，阻抗角 φ 的大小决定于电路参数 R、L、C 和 f。（　　　）

4.3　选择题

（1）用来表示正弦交流电变化快慢的物理量是（　　　）。

（a）最大值　　　　（b）初相角　　　　（c）角频率　　　　（d）有效值

（2）电阻和分布电容可忽略的电感线圈作交流负载的电路叫（　　　）。

（a）纯电阻电路　　　　　　　　（b）纯电容电路

（c）电阻，电感和电容串联电路　　（d）纯电感电路

（3）下列元件中是储能元件的是（　　　）。

（a）电阻　　　　（b）电容器　　　　（c）电压源　　　　（d）电流源

（4）在纯电感电路中电压（　　　）电流 $\pi/2$。

（a）滞后　　　　（b）超前　　　　（c）不知

（5）电感是储能元件，不消耗电能，其有功功率为（　　　）。

（a）零　　　　（b）无穷大　　　　（c）不知

（6）视在功率的单位是（　　　）。

（a）瓦　　　　（b）伏　　　　（c）乏　　　　（d）伏安

（7）若被测交流电压为 400V 左右，则万用表可以选用（　　　）挡位。

（a）~250V　　　　　（b）~500V　　　　　（c）~1000V　　　　　（d）~50V

（8）如题 4.3（8）图所示，若感抗 $X_L = 5\Omega$ 的电感元件上的电压 $\dot{U}$ 为相量图所示，则通过该元件的电流相量 $\dot{I} =$（　　　）。

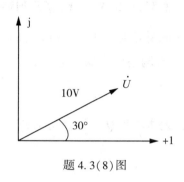

题 4.3（8）图

（a）$5\angle -60°$ A　　　（b）$50\angle 120°$ A　　　（c）$2\angle -60°$ A　　　（d）2A

4.4　简答题

（1）什么叫容抗？它与哪些因素有关？

（2）为了提高电路的功率因数，常在感性负载上并联电容器，此时增加了一条电流支路，试问电路的总电流是增大还是减小？此时感性负载上的电流和功率是否改变？

（3）在 50Hz 的交流电路中，测得一只铁芯线圈的 P、I 和 U，如何计算它的电阻值及电感量？

4.5　如题 4.5 图所示电路中，除电流表 A 和电压表 V 外，其余电流表和电压表的读数在图上都已标出（都是指正弦量的有效值），试求电流表 A 和电压表 V 的读数。

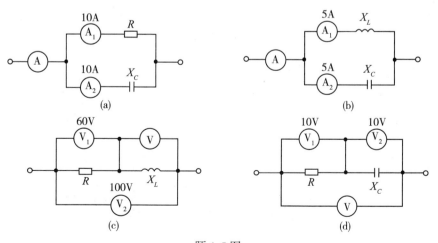

题 4.5 图

4.6   已知正弦交流电压的最大值 $U_m = 311$V，频率 $f = 50$Hz，初相角 $\theta = 30°$。

求：(1)该电压的瞬时表达式；

(2)$t = 0$ms 和 $t = 10$ms 时的电压值。

4.7   已知 R、L、C 串联二端网络中，端口电压 $u(t) = 220\sqrt{2}\sin(314t + 30°)$ V，$R = 30\Omega$，$L = 254$mH，$C = 80$uF。

(1)求感抗 X_L、容抗 X_C、总阻抗 Z(X_L、X_C 精确到整数)；

(2)求电流相量 $\dot{I}$ 以及对应的瞬时值表达式 $i(t)$。（$\tan 53.1° = 4/3$）

4.8   已知 R、L、C 串联二端网络中，端口电流 $i(t) = 10\sqrt{2}\sin(314t + 90°)$ A，$R = X_L = X_C = 10\Omega$。求

(1)电压的瞬时值表达式；

(2)电路总的有功功率 P、无功功率 Q 和视在功率 S。

第5章　三相交流电路的分析与测试

通常，发电及供电系统都是采用三相交流电。三相交流电也称动力电。三相制电路在发电、输电和用电方面都有很多优点。比如：①在尺寸相同的情况下，三相发电机比单相发电机的输出功率大；②三相电动机比单相电动机的结构简单、性能好，便于维护，且具有恒定的转矩，这是因为对称三相电路的瞬时功率是恒定的，而单相电路的瞬时功率随时间按正弦规律变化；③在输电距离、输电电压、输送功率和线路损耗相同的情况下，三相输电线路可比单相输电线路节省较多的有色金属材料。在日常生活中所使用的交流电源，是取自三相交流电中的一相。工厂生产所用的三相电动机是三相制供电。

本章主要介绍三相交流电源、三相负载的连接以及电压、电流和功率的分析。

5.1　三相交流电源

由三个幅值相等、频率相同、相位互差120°的单相交流电源所构成的电源称为三相交流电源。由三相交流电源构成的电路称为三相交流电路。目前，发电厂均以三相交流电方式向用户供电。当遇到有单相负载时，可以使用三相中的任一相。

5.1.1　三相交流电源的产生

三相交流电源一般来自三相交流发电机或变压器二次侧(俗称)的三相绕组，常见的三相交流发电机如图5.1.1所示。

(a)柴油发电机组　　　　　　(b)水力发电机　　　　　　(c)汽油发电机

图5.1.1　三相交流发电机

　　三相交流发电机的原理如图 5.1.2 所示，它主要由固定的定子和转动的转子组成。发电机定子铁芯的内圆周表面有 6 个凹槽，用来放置结构完全相同的三相绕组 U_1U_2、V_1V_2、W_1W_2。它们的空间位置互差 $120°$，分别称为 U 相、V 相、W 相。引出线 L_1、L_2、L_3 对应 U_1、V_1、W_1 为 3 个绕组的始端，U_2、V_2、W_2 为绕组的末端。

　　转动的磁极称为转子。转子铁芯上绕有直流励磁绕组。定子与转子之间有一定的间隙。当转子被原动机拖动做匀速转动时，三相定子绕组切割转子磁场而产生三相交流电动势。

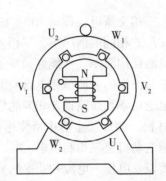

图 5.1.2　三相交流发电机原理图

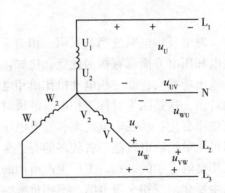

图 5.1.3　电源的星形连接

　　若将 3 个绕组的末端 U_2、V_2、W_2 连在一起引出一根连线称为中性线 N（中性线接地时又称为零线），3 个绕组的始端 U_1、V_1、W_1 分别引出称为端线或相线（端线接地时又称为火线），这种连接称为电源的星形连接。如图 5.1.3 所示。

　　由 3 根端线和 1 根中性线组成的供电方式称为三相四线制。只用 3 根端线组成的供电方式称为三相三线制。

5.1.2　三相交流电源的表示

　　电源每相绕组两端的电压，即端线与中性线之间的电压称为电源相电压。参考方向规定为从绕组始端指向末端，分别用 u_U、u_V、u_W 表示，其有效值用 U_P 表示。三相交流电源相电压的瞬时值表达式为：

$$u_U = \sqrt{2}\,U_P\sin\omega t$$
$$u_V = \sqrt{2}\,U_P\sin(\omega t - 120°)$$
$$u_W = \sqrt{2}\,U_P\sin(\omega t - 240°) = \sqrt{2}\,U_P\sin(\omega t + 120°) \qquad (5\text{-}1\text{-}1)$$

三相交流电源相电压波形图和相量图如图 5.1.4 所示。

　　当三相负载按 U、V、W、U 的顺序依次连接三相电源时，相序称为正序（或顺序）；按 U、W、V、U 的顺序依次连接时，相序称为负序（或逆序）。实际应用中需要注意相序，如三相电动机，如果相序为正序会正转（顺时针转动），相序为逆序则会反转（逆时针转动)。

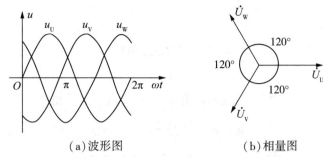

（a）波形图　　　　　　（b）相量图

图 5.1.4　三相交流电源相电压的波形图和相量图

电源任意两根端线之间的电压称为线电压，分别用 u_{UV}、u_{VW}、u_{WU} 表示。其中的下标字母 UV、VW、WU 即为各电压的参考方向。线电压和相电压之间的关系如下：

$$u_{UV} = u_U - u_V$$
$$u_{VW} = u_V - u_W \tag{5-1-2}$$
$$u_{WU} = u_W - u_U$$

用相量表示为：

$$\dot{U}_{UV} = \dot{U}_U - \dot{U}_V$$
$$\dot{U}_{VW} = \dot{U}_V - \dot{U}_W \tag{5-1-3}$$
$$\dot{U}_{WU} = \dot{U}_W - \dot{U}_U$$

用相量法进行计算得到 3 个线电压也是对称三相电压。如图 5.1.5 所示。设 U_L 表示线电压的有效值，从相量图上可以看出：

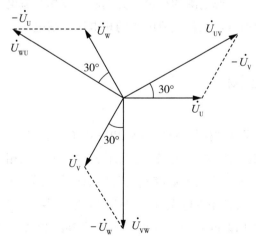

图 5.1.5　相电压与线电压的相量图

137

$$\frac{1}{2}U_{\mathrm{L}} = U_{\mathrm{P}}\cos 30° = \frac{\sqrt{3}}{2}U_{\mathrm{P}}$$

即

$$\dot{U}_{\mathrm{L}} = \sqrt{3}\,\dot{U}_{\mathrm{P}}\angle 30° \tag{5-1-4}$$

则有

$$u_{\mathrm{UV}} = \sqrt{2}\,U_{\mathrm{L}}\sin(\omega t + 30°) = \sqrt{6}\,U_{\mathrm{P}}\sin(\omega t + 30°)$$

$$u_{\mathrm{UW}} = \sqrt{2}\,U_{\mathrm{L}}\sin(\omega t - 90°) = \sqrt{6}\,U_{\mathrm{P}}\sin(\omega t - 90°) \tag{5-1-5}$$

$$u_{\mathrm{WU}} = \sqrt{2}\,U_{\mathrm{L}}\sin(\omega t + 150°) = \sqrt{6}\,U_{\mathrm{P}}\sin(\omega t + 150°)$$

式(5-1-5)表明，3 个线电压的有效值相等，均为相电压有效值的 $\sqrt{3}$ 倍。线电压的相位超前对应的相电压相位 30°。线电压、相电压均为三相电压。

通常的三相四线制低压供电系统线电压为 380V，相电压为 220V，可以提供两种电压供负载使用。请注意不同电路导线的颜色使用是不同的，比如：交流三相电路的 1 相(U相)导线为黄色、2 相(V相)导线为绿色、3 相(W相)导线为红色、零线或中性线为淡蓝色、安全用的接地线为绿/黄双色、用双芯导线或双根绞线连接的交流电路导线为红黑色并行、直流电路的正极导线为棕色、直流电路的负极导线为蓝色、直流电路的接地中间极导线为淡蓝色。

5.1.3　技能训练　低压三相交流电源的测量

三相交流电源经三相变压器隔离、降压后，转换为低压三相交流电源供以下测试：
(1)用示波器观察单相交流电源的波形，测量交流电源的幅度、频率、周期等参数。
(2)用示波器观测三相交流电源的相位，分别画出三相交流电源的波形图。
(2)用交流电压表分别测量三相交流电源的相电压、线电压。

5.2　三相负载的连接

三相电路中的负载有两种情况：单相负载和三相负载。单相负载需要一个电源供电，如照明负载(额定电压 220V)、弧焊机(额定电压 380V)等。三相负载需要三相电源同时供电，如三相电动机等。为了使负载能够安全可靠地长期工作，应按照电源电压等于负载额定电压的原则将负载接入三相供电系统。当负载数量较多时，应当尽量平均分配到三相电源上，使三相电源得到均衡的利用。以我国使用的 380/220V 三相四线制低压配电系统为例，负载接入如图 5.2.1 所示。

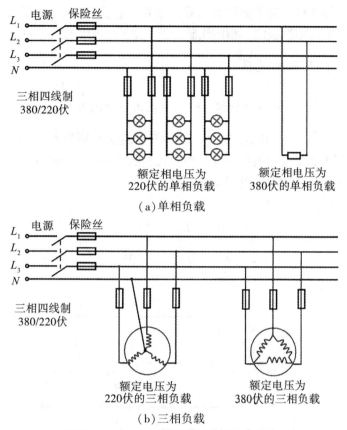

(a)单相负载

(b)三相负载

图 5.2.1　380/220V 三相四线制供电系统

三相负载的连接方式按结构可分为：星形(Y)连接和三角形(△)连接。负载用复阻抗 Z 表示，电路结构如图 5.2.2 所示。

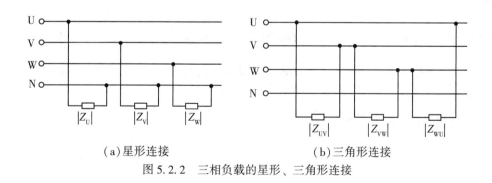

(a)星形连接　　　　　　　　　　(b)三角形连接

图 5.2.2　三相负载的星形、三角形连接

5.2.1　负载的星形连接

将每相负载的一端连在一起形成公共端，另一端引出与三相电源相接，这种连接形式

称为负载的星形(Y)连接。为了更好地说明三相负载星形连接时电路的特点，以电源与负载均为星形(Y)连接含中性线的三相四线制为例，电路结构如图5.2.3所示。

1. 线电压和相电压的关系

(1)负载相电压 $\dot{U}_{ZP}$——每相负载上的电压，这里分别为 $\dot{U}_{UN}$、$\dot{U}_{VN}$、$\dot{U}_{WN}$。

(2)负载线电压 $\dot{U}_{ZL}$——负载端线之间的电压，这里分别为 $\dot{U}_{UV}$、$\dot{U}_{VW}$、$\dot{U}_{WU}$。

显然，在如图5.2.3所示的星形连接中，每相负载两端的相电压等于三相电源的相电压，负载的线电压等于三相电源的线电压，故有

$$U_{ZP} = U_P$$
$$U_{ZL} = U_L = \sqrt{3}\,U_P \tag{5-2-1}$$
$$\dot{U}_{ZL} = \sqrt{3}\,\dot{U}_{ZP}\angle 30°$$

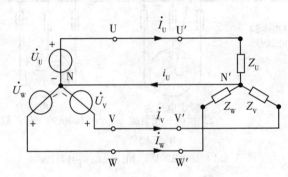

图5.2.3　负载的星形连接

2. 线电流和相电流的关系

(1)负载相电流 $\dot{I}_{ZP}$——流过每相负载的电流，这里分别为 $\dot{I}_{UN}$、$\dot{I}_{VN}$、$\dot{I}_{WN}$。

(2)负载线电流 $\dot{I}_{ZL}$——流过每条端线的电流，这里分别为 $\dot{I}_{U}$、$\dot{I}_{V}$、$\dot{I}_{W}$ 和流过中性线的电流 $\dot{I}_{N}$。

各相负载电流的有效值为：

$$I_{UN} = \frac{U_{UN}}{|Z_U|}, \ I_{VN} = \frac{U_{VN}}{|Z_V|}, \ I_{WN} = \frac{U_{WN}}{|Z_W|} \tag{5-2-2}$$

各端线电流等于对应的各相电流：

$$I_U = I_{UN}, \ I_V = I_{VN}, \ I_W = I_{WN} \tag{5-2-3}$$

根据基尔霍夫定律得中性线电流为

$$i_N = i_{UN} + i_{VN} + i_{WN} = i_U + i_V + i_W \tag{5-2-4}$$

用相量表示为

$$\dot{I}_{N} = \dot{I}_{U} + \dot{I}_{V} + \dot{I}_{W} \tag{5-2-5}$$

下面分两种情况讨论：

1）对称三相负载

若三相电源上接入的负载完全相同，即接入阻抗值相同、阻抗角相等的负载，则称为三相对称负载。例如三相电动机、三相变压器等，它们均有 3 个完全相同的绕组。则有

$$Z_{U} = Z_{V} = Z_{W} = Z_{P} \tag{5-2-6}$$
$$I_{UN} = I_{VN} = I_{WN} = I_{P} \tag{5-2-7}$$

各相电流大小相等，相位依次互差 120°。其电流瞬时值代数和、相量和均为零，中性线电流为零。即

$$i_{N} = i_{UN} + i_{VN} + i_{WN} = 0 \tag{5-2-8}$$
$$\dot{I}_{N} = \dot{I}_{U} + \dot{I}_{V} + \dot{I}_{W} = 0 \tag{5-2-9}$$

可见，星形连接的三相对称负载，中性线可以省去，采用三相三线制供电。低压供电系统中的动力负载（如电动机）就采用这样的供电方式。

2）不对称三相负载

当三相负载不对称时，由于各相阻抗不相等，故各相电流代数和不再等于零。此时，中性线电流不为零，中性线不能省去，一定要采用三相四线制供电。

【例 5-2-1】如图 5.2.3 所示的星形连接的三相电路，电源电压为对称三相电压，负载为电灯组。若电源线电压 $u_{UV} = 380\sqrt{2}\sin(314t + 30°)$ V。（1）若 $R_{U} = R_{V} = R_{W} = 5\Omega$，求线电流及中性线电流 I_{N}；（2）若 $R_{U} = 5\Omega$，$R_{V} = 10\Omega$，$R_{W} = 20\Omega$，求线电流及中性线电流 I_{N}。

解：已知线电压 $\dot{U}_{UV} = 380\angle 30°$（V），则相电压 $\dot{U}_{UN} = 220\angle 0°$（V）

（1）若 $R_{U} = R_{V} = R_{W} = 5\Omega$，则为对称三相负载，有

$$\dot{I}_{U} = \frac{\dot{U}_{UN}}{R_{U}} = \frac{220\angle 0°}{5} = 44\angle 0°(A)$$

$$\dot{I}_{V} = 44\angle -120°(A), \quad \dot{I}_{W} = 44\angle 120°(A)$$

$$\dot{I}_{N} = 0(A)$$

（2）若 $R_{U} = 5\Omega$，$R_{V} = 10\Omega$，$R_{W} = 20\Omega$，则为不对称三相负载，有

$$\dot{I}_{U} = \frac{\dot{U}_{UN}}{R_{U}} = \frac{220\angle 0°}{5} = 44\angle 0°(A)$$

$$\dot{I}_{V} = \frac{\dot{U}_{VN}}{R_{V}} = \frac{220\angle -120°}{10} = 22\angle -120°(A)$$

$$\dot{I}_{W} = \frac{\dot{U}_{WN}}{R_{W}} = \frac{220\angle 120°}{20} = 11\angle 120°(A)$$

$$\dot{I}_{N} = \dot{I}_{U} + \dot{I}_{V} + \dot{I}_{W} = 44\angle 0° + 22\angle -120° + 11\angle 120° = 29\angle -19°(A)$$

【例 5-2-2】照明系统故障分析。在例 5-2-1 的第(2)个条件下，即接入不对称三相负载时，试分析下列情况：

(1)U 相短路：中性线未断时，求各相负载电压；中性线断开时，求各相负载电压。

(2)U 相断路：中性线未断时，求各相负载电压；中性线断开时，求各相负载电压。

解：(1)U 相短路时：

a. 中性线未断：

此时 U 相短路电流很大，将 U 相熔断丝熔断，而 V 相和 W 相未受影响，其相电压仍为 220V，可以正常工作。

b. 中性线断开：

此时负载中性点 N′即为 U 相，因此负载各相电压为

$$U_{UN} = 0V, \ U_{VN} = U_{WN} = 380V$$

显然，V 相和 W 相的电压都超过电灯组的额定电压，电灯将被烧坏，这是不允许的。

(2)U 相断路时：

a. 中性线未断：

此时 V 相和 W 相均未受影响，其相电压仍为 220V，可以正常工作。

b. 中性线断开：

此时电路变为单相电路，如图 5.2.4 所示，

$$I = \frac{U_{VW}}{R_V + R_W} = \frac{380}{10 + 20} = 12.7(A)$$

$$U'_V = R_V I = 10 \times 12.7 = 127(V)$$

$$U'_W = R_W I = 20 \times 12.7 = 254(V)$$

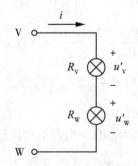

图 5.2.4　例 5-2-2 等效单相电路

显然，W 相的电压超过电灯组的额定电压，电灯将被烧坏。

由此可见，中性线的存在，保证了每相负载两端的电压是电源的相电压，保证了三相负载能独立正常工作。各相负载有变化时都不会影响到其他相。如果中性线断开，中性线电流被切断，各相负载两端的电压会根据各相负载阻抗值的大小重新分配，有的相可能低于额定电压使负载不能正常工作，有的相可能高于额定电压以致用电设备将被损坏。所以，中性线断开是绝对禁止的，中性线上也绝不允许安装开关、熔断器等装置。

5.2.2 负载的三角形连接

将三相负载顺序相接连成三角形的连接方式，称为负载的三角形（△）连接。为了直观地说明三相负载三角形连接时电路的特点，以电源为星形（Y）连接、负载为三角形（△）连接为例，电路结构如图 5.2.5 所示。

1. 线电压和相电压的关系

（1）负载相电压 $\dot{U}_{ZP}$ ——每相负载上的电压，这里分别为 $\dot{U}_U$、$\dot{U}_V$、$\dot{U}_W$。

（2）负载线电压 $\dot{U}_{ZL}$ ——负载端线之间的电压，这里分别为 $\dot{U}_{UV}$、$\dot{U}_{VW}$、$\dot{U}_{WU}$。

显然，在如图 5.2.5 所示的负载三角形连接中，每相负载两端的相电压等于三相电源的线电压，负载的线电压等于负载的相电压，故有

$$U_{ZP} = U_{ZL} = U_L$$
$$\dot{U}_{ZL} = \dot{U}_{ZP} = \dot{U}_L$$

(5-2-10)

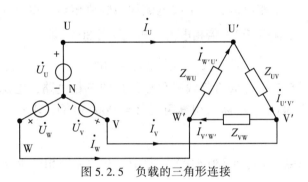

图 5.2.5 负载的三角形连接

2. 线电流和相电流的关系

（1）负载相电流 $\dot{I}_{ZP}$ ——流过每相负载的电流，这里分别为 $\dot{I}_{UV}$、$\dot{I}_{VW}$、$\dot{I}_{WU}$。

（2）负载线电流 $\dot{I}_{ZL}$ ——流过每条端线的电流，这里分别为 $\dot{I}_U$、$\dot{I}_V$、$\dot{I}_W$。

各相负载电流的有效值为

$$I_{UV} = \frac{U_{UV}}{|Z_{UV}|}, \quad I_{VW} = \frac{U_{VW}}{|Z_{VW}|}, \quad I_{WU} = \frac{U_{WU}}{|Z_{WU}|}$$

(5-2-11)

由基尔霍夫定律可确定各端线电流与各相电流的关系为

$$\dot{I}_U = \dot{I}_{UV} - \dot{I}_{WV}$$
$$\dot{I}_V = \dot{I}_{VW} - \dot{I}_{UV}$$
$$\dot{I}_W = \dot{I}_{WU} - \dot{I}_{VW}$$

(5-2-12)

假设三相负载为感性负载，每相负载上的电流均滞后对应的电压 φ，三相对称感性负载三角形连接时各相电流及各线电流的相量图如图 5.2.6 所示。

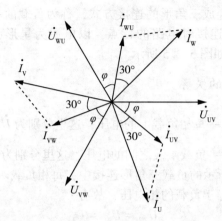

图 5.2.6　三相对称感性负载三角形连接时各相电流及各线电流的相量图

由相量图可知，三个相电流、三个线电流均为数值相等、相位互差 120° 的三相对称电流，可以证明，线电流等于 $\sqrt{3}$ 倍相电流、相位滞后 30°，即

$$\dot{I}_{ZL} = \sqrt{3}\,\dot{I}_{ZP} \angle -30° \qquad (5\text{-}2\text{-}13)$$

【例 5-2-3】如图 5.2.5 所示的负载三角形连接的三相电路，电源电压为对称三相电压。设电源线电压为 380V，对称三相复阻抗 $Z = 100\angle 30°\,\Omega$。求三相负载的相电压和线电流。

解：设电源的线电压 $\dot{U}_{UV} = 380\angle 0°\text{V}$，则有三相负载的相电压分别为

$$\dot{U}_U = 380\angle 0°\text{V}, \quad \dot{U}_V = 380\angle -120°\text{V}, \quad \dot{U}_W = 380\angle 120°\text{V}$$

三相负载的相电流 $\dot{I}_{UV} = \dfrac{\dot{U}_U}{Z_{UV}} = \dfrac{380\angle 0°}{100\angle 30°} = 3.8\angle -30°(\text{A})$

由三相负载线电流与相电流之间的关系，可得线电流分别为

$$\dot{I}_U = 3.8\sqrt{3}\angle(-30° - 30°) = 6.6\angle -60°(\text{A})$$

$$\dot{I}_V = 6.6\angle -180°(\text{A}), \quad \dot{I}_W = 6.6\angle 60°(\text{A})$$

【思考题】

(1) 中性线的作用是什么？实际工作中可不可以省略？

(2) 三相不对称负载做三角形连接时，若有一相断路，对其他两相工作情况有没有影响？

(3) 负载接入电源时，开关应该接在负载与火线之间还是负载与零线之间？为佀么？

5.3 三相电路的功率

三相交流电路可以视做 3 个单相交流电路的组合。三相交流电路的有功功率、无功功率为各相电路有功功率、无功功率之和，无论负载是星形连接还是三角形连接，当三相负载对称时，电路总的有功功率、无功功率均是每相负载有功功率、无功功率的 3 倍。即

$$P = 3P_P = 3U_PI_P\cos\varphi \qquad\qquad (5\text{-}3\text{-}1)$$

$$Q = 3Q_P = 3U_PI_P\sin\varphi \qquad\qquad (5\text{-}3\text{-}2)$$

在实际中，线电流的测量比较容易(一般仪器铭牌上标的都是线电压、线电流)。三相功率常用线电流 I_L、线电压 U_L 代入式(5-3-3)、(5-3-4)进行计算，即

$$P = \sqrt{3}\,U_LI_L\cos\varphi \qquad\qquad (5\text{-}3\text{-}3)$$

$$Q = \sqrt{3}\,U_LI_L\sin\varphi \qquad\qquad (5\text{-}3\text{-}4)$$

而视在功率为

$$S = \sqrt{P^2 + Q^2} = \sqrt{3}\,U_LI_L \qquad\qquad (5\text{-}3\text{-}5)$$

【例 5.3.1】 图 5.3.1 所示的三相对称负载，每相负载的电阻 $R = 6\Omega$，感抗 $X_L = 8\Omega$，接到 $U_L = 380\text{V}$ 的三相四线制电源上，试分别计算负载作星形、三角形连接时的相电流、线电流及三相有功功率、三相无功功率、三相视在功率。

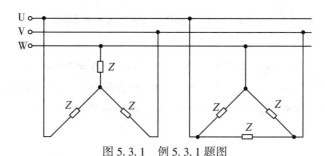

图 5.3.1 例 5.3.1 题图

解： (1)负载作星形连接时，每相负载两端承受的是电源的相电压，即

$$U_{UN} = U_{VN} = U_{WN} = U_P = 220(\text{V})$$

每相负载的阻抗值

$$|Z| = \sqrt{R^2 + Z_L^2} = \sqrt{6^2 + 8^2} = 10(\Omega)$$

线电流等于相电流，即

$$I_L = I_P = \frac{U_P}{|Z|} = \frac{220}{10} = 22(\text{A})$$

$$U_L = \sqrt{3}\,U_P = 380(\text{V})$$

$$\cos\varphi = \frac{R}{|Z|} = \frac{6}{10} = 0.6$$

$$\sin\varphi = \frac{X_L}{|Z|} = \frac{8}{10} = 0.8$$

三相有功功率
$$P = \sqrt{3}\,U_L I_L \cos\varphi = \sqrt{3} \times 380 \times 22 \times 0.6 = 8677(\text{W})$$

三相无功功率
$$Q = \sqrt{3}\,U_L I_L \sin\varphi = \sqrt{3} \times 380 \times 22 \times 0.8 = 11570(\text{V} \cdot \text{A})$$

三相视在功率
$$S = \sqrt{P^2 + Q^2} = \sqrt{3}\,U_L I_L = \sqrt{3} \times 380 \times 22 = 14463(\text{V} \cdot \text{A})$$

(2) 负载作三角形连接时，每相负载两端承受的是电源的线电压，即
$$U_{UV} = U_{VW} = U_{WU} = U_L = 380(\text{V})$$

相电流为
$$I_P = \frac{U_P}{|Z|} = \frac{380}{10} = 38(\text{A})$$

线电流等于 $\sqrt{3}$ 倍相电流，线电流为
$$I_L = \sqrt{3}\,I_P = \sqrt{3} \times 38 = 66(\text{A})$$

三相有功功率
$$P = \sqrt{3}\,U_L I_L \cos\varphi = \sqrt{3} \times 380 \times 66 \times 0.6 = 26033(\text{W})$$

三相无功功率
$$Q = \sqrt{3}\,U_L I_L \sin\varphi = \sqrt{3} \times 380 \times 66 \times 0.8 = 34710(\text{V} \cdot \text{A})$$

三相视在功率
$$S = \sqrt{P^2 + Q^2} = \sqrt{3}\,U_L I_L = \sqrt{3} \times 380 \times 66 = 43388(\text{V} \cdot \text{A})$$

由此可见，同一负载，若由星形连接改为三角形连接，当电源电压不变时，平均功率增加到 3 倍。工业上常利用改变负载的连接方式来控制功率。

习　题

5.1 什么是三相电源？

5.2 什么是电源相电压？

5.3 什么是三相四线制？

5.4 通常的三相四线制低压供电系统相电压为多少？线电压为多少？

5.5 三相负载有哪几种连接方式？

5.6 什么是三相对称负载？

5.7 对称三相负载的中性线电流是多少？

5.8 当三相负载对称时，电路总的有功功率与每相负载有功功率是什么关系？

5.9 三相交流电路与 3 个单相交流电路有怎样的关系？

5.10　三相交流电源作星形连接，若其相电压为220V，则线电压为多少？若线电压为220V，则相电压为多少？

5.11　根据三相交流电源相电压与线电压的关系，若已知线电压，试写出线电压与相电压的表达式。

5.12　如题5.12图所示，三盏额定电压为220V、功率为40W的白炽灯，作星形连接接在线电压为380V的三相四线制电源上，若将端线 L_1 上的开关 S 闭合和断开，对 L_2 和 L_3 两相的白炽灯亮度有无影响？若取消中性线成为三相三线制，L_1 线上的开关 S 闭合和断开，通过各相灯的电流各是多少？

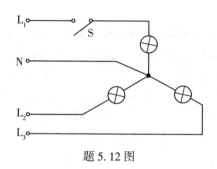

题5.12图

5.13　三相对称负载每相 $R = 5\Omega$、$X_L = 5\Omega$，接在线电压为380V的三相电源上，求三相负载作星形、三角形连接时，相电流、线电流、三相有功功率、三相无功功率各是多少？

5.14　某三相电加热器，每相电阻均为 $R = 10\Omega$，额定电压为380V，三相电源线电压为380V。求：

（1）当电炉接成三角形时，相电流、线电流及总有功功率各是多少？

（2）为调节炉温，将三相电炉中的一相断开，此时各相电流、线电流及总有功功率各是多少？

（3）在同一电源上把电炉丝接成星形，那么各相电流、线电流及总有功功率又各是多少？

第6章 变压电路的分析与测试

变压器利用电磁耦合把电能或信号从一个电路传到另一个电路中，它对电能的经济传输、灵活分配和安全使用起着重要作用，在电能测试、控制和特殊用电设备上应用广泛。在电力系统中，变压器把一种电压的交流电变成同一频率的另一电压交流电，在通信系统中，主要用于传递信息及阻抗变换。此外，在调压、变压、变流等方面都有其用处。互感现象是变压器工作的基本原理。本章主要学习互感现象、同名端的概念和单相变压器的结构、工作原理及其使用，并介绍几种特殊变压器。

6.1 互感线圈电路的测试

6.1.1 互感线圈和互感电动势

如图 6.1.1(a)是两个靠得很近的线圈，当第一个线圈中通有电流 i_1 时，在线圈中产生自感磁链 Ψ_{11}，根据右手螺旋定则可以确定 Ψ_{11} 的方向；第一个线圈产生的磁链还有一部分要通过第二个线圈，这一部分磁链叫做互感磁链 Ψ_{21}。同样，在图 6.1.1(b)中，当第二个线圈通有电流 i_2 时，它所产生的磁链 Ψ_{22} 也会有一部分通过第一个线圈，产生互感磁链 Ψ_{12}。这种互相感应的现象叫做互感现象。

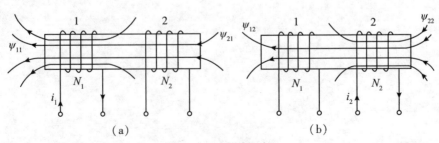

图 6.1.1 互感现象

当磁链线圈流过电流时，在线圈中产生磁通 Φ，若线圈的匝数为 N，且通过每匝的磁

通量均为 Φ，则通过线圈的磁链 $\Psi = N\Phi$。

在图 6.1.1 中，互感磁链与产生该磁链的电流比值叫做这两个线圈的互感系数，用符号 M 表示，即

$$M = \frac{\Psi_{21}}{i_1} = \frac{\Psi_{12}}{i_2} \tag{6-1-1}$$

由上式可知，两个线圈中，当其中一个线圈通有 1A 电流时，在另一线圈中产生的互感磁链数，就是这两个线圈之间的互感系数。互感系数的单位和自感系数一样，也是亨（H）。

通常互感系数只和这两个线圈的结构、相互位置及介质的磁导率有关，而与回路中的电流无关。只有当介质为铁磁性材料时，互感系数才与电流有关。

设 L_1、L_2 分别为两个线圈的电感，则互感系数 M 为

$$M = K\sqrt{L_1 L_2} \tag{6-1-2}$$

式中，K 为线圈的耦合系数，表示线圈的耦合程度，K 的值在 0 和 1 之间。因为 Ψ_{12} 的最大值就是 Ψ_{11}，所以耦合系数不可能大于 1。显然线圈绕组依附物质的导磁性越好，两个线圈越接近，交链的磁通就越大，耦合系数就越接近 1。

理论上，当 $K=0$ 时，说明线圈产生的磁通互不耦合，因此，不存在互感；$K<0.5$ 称为松耦合，$K>0.5$ 称为紧耦合；当 $K=1$ 时，说明两个线圈耦合得最紧，一个线圈产生的磁通全部与另一个线圈相耦合，产生的互感最大，这时又称为全耦合。

在图 6.1.1 所示耦合电感中，如果 i_1 随时间变化，则 Ψ_{21} 也随时间变化，根据法拉第电磁感应定律，第二个线圈将要产生感应电动势，这种因互感现象而产生的电动势称为互感电动势。互感电动势的大小为

$$e_{21} = \frac{\Delta \Psi_{21}}{\Delta t} \tag{6-1-3}$$

同理，当 i_2 随时间变化时，也要在第一个线圈中产生互感电动势，互感电动势的大小为

$$e_{12} = \frac{\Delta \Psi_{12}}{\Delta t} \tag{6-1-4}$$

根据 $M = \frac{\Psi_{21}}{i_1} = \frac{\Psi_{12}}{i_2}$ 可知，$\Psi_{21} = Mi_1$，$\Psi_{12} = Mi_2$，代入式（6-1-3）和式（6-1-4）得

$$e_{21} = \frac{\Delta \Psi_{21}}{\Delta t} = M \frac{\Delta i_1}{\Delta t} \tag{6-1-5}$$

$$e_{12} = \frac{\Delta \Psi_{12}}{\Delta t} = M \frac{\Delta i_2}{\Delta t} \tag{6-1-6}$$

式（6-1-5）和式（6-1-6）说明，线圈中的互感电动势，与互感系数和另一线圈中电流的变化率的乘积成正比。互感电动势的方向可用楞次定律判定。

互感现象在电工电子技术中应用非常广泛，如电源变压器、电流互感器、电压互感器等都是根据互感原理工作的。

互感有时也会带来害处。例如：有线电话常常会由于两路电话间互感而引起串音；无线电设备中，若线圈位置安放不当，线圈间相互干扰，会影响设备正常工作。在这些情况

下，就要设法避免互感的干扰。

6.1.2　互感线圈同名端的检测

1. 互感线圈的同名端

两个或两个以上线圈彼此耦合时，常常需要知道互感电动势的极性。例如，电力变压器中，用规定好的字母标出原/次级线圈间的极性关系。在电子技术中，互感线圈应用十分广泛，但是必须考虑线圈的极性，不能接错。例如，收音机的本机振荡电路，如果把互感线圈的极性接错，则电路将不能起振。

为了工作方便，电路图中常用小圆点"·"标出互感线圈的"同名端"，以反映出互感线圈的极性。

2. 同名端的判定方法

如果知道线圈的绕向，则可以根据楞次定律进行判定。下面以图 6.1.2 所示互感线圈进行说明。

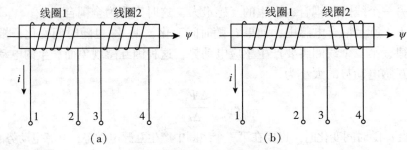

图 6.1.2　互感线圈

当线圈 1 通有电流 i 并且电流随着时间增加时，电流 i 所产生的自感磁通和互感磁通也随时间增加。由于磁通的变化，线圈 1 中要产生自感电动势，线圈 2 中要产生互感电动势。

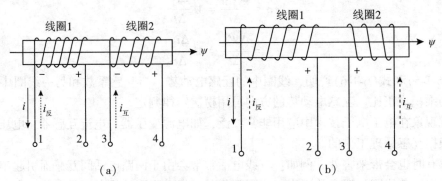

图 6.1.3　互感线圈的同名端

由于原电流 i 在增大时，反向电动势要阻碍这一电流的增大，这样可画出反向电动势产生的反向电流方向 $i_{反}$ 为自1向2，与原电流 i 的方向相反。反向电动势产生在线圈1的两端，根据内电路中电流是从负极流向正极的原理，可画出线圈1两端电动势的正负极性，即2端为正，1端为负。对于线圈2，当电流 i 增大时，由于互感的作用，使通过线圈2的磁通增加。根据楞次定律，可判断出互感电流 $i_{互}$ 的方向如图6.1.3(a)所示，根据内电路中电流是从负极流向正极的原理，可画出线圈2两端电动势的正负极性，即4端为正，3端为负。可见，1与3、2与4的极性相同。用同样的方法，可画出图6.1.2(b)自感电动势和互感电动势的方向，如图6.1.3(b)所示。

如果电流 i 不是增大而是减小，那么各个端点的正、负极性都要变。不管电流 i 怎样变化，图6.1.2(a)中的1与3和图6.1.2(b)中的1与4的电动势的极性始终保持一致。

互感线圈中，感应电动势极性始终保持一致的端点叫做同名端，反之叫做异名端。在图6.1.2(a)中，1与3、2与4是同名端；1与4、2与3是异名端。在图6.1.2(b)中，1与4、2与3是同名端；1与3、2与4是异名端。

需要说明的是，同名端关系只取于两耦合线圈的结构(绕向和相对位置)，与电压、电流的设定没关系。一般在电路中具有互感的两个线圈的画法如图6.1.4(a)、(b)所示。

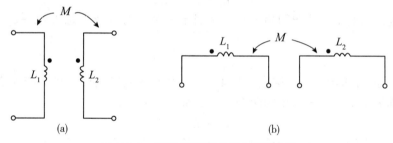

图 6.1.4　互感线圈同名端的表示方法

以上判定线圈同名端时，需知道线圈的绕向，但在很多情况下，如线圈经过浸漆或经过其他处理，从外观已无法知道两线圈的具体绕向，同名端也就无法看出，这时，就需要采用实验法了。下面以图6.1.5为例进行说明。

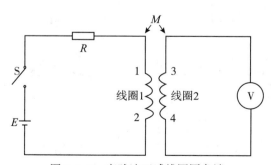

图 6.1.5　实验法互感线圈同名端

电路中，线圈 1 与电阻 R、开关 S 串联起来以后，接到直流电源 E 上，把线圈 2 的两端与电压表(或电流表)的两个接线柱连接，形成闭合回路。迅速闭合开关 S，电流从线圈 1 的 1 端流入，并且电流随时间的增大而增大，即 $\Delta I/\Delta t > 0$，如果此时电压表的指针向正刻度方向偏转，则线圈 1 的 1 端与线圈 2 的 3 端是同名端。反之，则 1 与 3 为异名端。

6.1.3　互感线圈的连接

1. 互感线圈的串联

把两个有互感的线圈串联起来，有两种不同的接法。异名端相接称为顺串，同名端相接称为反串。

1) 顺串

如图 6.1.6(a)所示，图中端点 1 与 3、端点 2 与 4 是同名端，将 2 和 3 连接在一起，这样的连接称为顺串。

设线圈 1 的自感系数(电感)为 L_1，线圈 2 的自感系数(电感)为 L_2，两线圈的互感系数为 M，顺串后的等效电感为 L，则有如下关系式：

$$L = L_1 + L_2 + 2M \tag{6-1-7}$$

这就是说，当两个互感线圈顺串时，相当于一个具有等效电感 $L = L_1 + L_2 + 2M$ 的电感线圈。

2) 反串

如图 6.1.6(b)所示，图中端点 1 与 4、端点 2 与 3 是同名端，将 2 和 3 连接在一起，这样的连接称为反串。对于反串的两个线圈，有如下关系式：

$$L = L_1 + L_2 - 2M \tag{6-1-8}$$

这就是说，当两个互感线圈反串时，相当于一个具有等效电感 $L = L_1 + L_2 - 2M$ 的电感线圈。

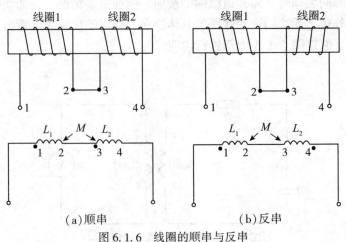

(a)顺串　　　　　　　(b)反串

图 6.1.6　线圈的顺串与反串

在电工电子技术中，常常需要使用具有中心抽头的线圈，并且要求从中点分成两部分的线圈完全相同。为了满足这个要求，在实际绕制这种线圈时，可以用两根相同的漆包线平行地绕在同一芯子上，然后，再把两个线圈的异名端接在一起作为中心抽头。

若两个互感线圈的同名端接在一起，则两个线圈所产生的磁通在任何时候总是大小相等而方向相反，因此相互抵消，这样接成的线圈就不会有磁通穿过，因而就没有电感，它只起一个电阻的作用。所以，为了获得无感电阻，就可以在绕制电阻时，将电阻线对折，双线并绕。

总之，顺接时的等效电感大于反接时的等效电感。由于两线圈不论是顺接还是反接，其等效电感 $L \geqslant 0$，所以有

$$L_1+L_2-2M \geqslant 0$$

即

$$M \leqslant (L_1+L_2)/2$$

另外，根据两个互感线圈顺串和反串的特点，还可测出互感器 M 的大小。

设顺向串联时的等效电感为

$$L'=L_1+L_2+2M$$

反向串联时的等效电感为

$$L''=L_1+L_2-2M$$

则互感系数为

$$M=(L'-L'')/4$$

2. 互感线圈的并联

两个互感线圈，设互感系数为 M，线圈的电感分别为 L_1 和 L_2，当它们并联时，也有两种接法，即顺并和反并。

1）顺并

对应的同名端并在一起叫顺并，如图 6.1.7（a）所示。若两个线圈顺并后的等效电感为 L，则有如下关系式：

$$L = \frac{L_1 L_2 - M^2}{L_1 + L_2 - 2M} \tag{6-1-9}$$

这就是说，当两个互感线圈顺并时，相当于一个具有等效电感 $L = \dfrac{L_1 L_2 - M^2}{L_1 + L_2 - 2M}$ 的电感线圈。

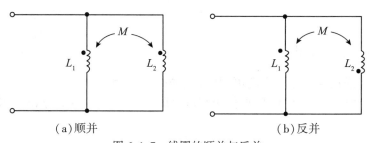

（a）顺并　　　　　　　　　　　（b）反并

图 6.1.7　线圈的顺并与反并

2) 反并

对应的异名端并在一起叫反并, 如图 6.1.7(b)所示。若两个线圈反并后的等效电感为 L, 则有如下关系式:

$$L = \frac{L_1 L_2 - M^2}{L_1 + L_2 + 2M}$$

(6-1-10)

这就是说, 当两个互感线圈反并时, 相当于一个具有等效电感 $L = \dfrac{L_1 L_2 - M^2}{L_1 + L_2 + 2M}$ 的电感线圈。

6.1.4　技能训练　互感线圈同名端的检测

1. 用交流法判断互感线圈的同名端

如图 6.1.8 所示, 将两个绕组 N_1 和 N_2 的任意两端(如 2、4 端)联在一起, 在其中的一个绕组(如 N_1)两端加一个低电压, 另一绕组(如 N_2)开路, 用交流电压表分别测出端电压 U_{13}、U_{12} 和 U_{34}。若 U_{13} 是两个绕组端压之差, 则 1、3 是同名端; 若 U_{13} 是两绕组端电压之和, 则 1、4 是同名端。

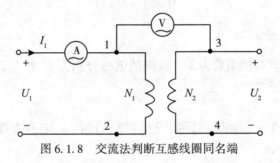

图 6.1.8　交流法判断互感线圈同名端

2. 两线圈互感系数 M 的测定

在图 6.1.8 的 N_1 侧施加低压交流电压 U_1, 测出 I_1 及 U_2。根据互感电势 $E_2 \approx U_2 = \omega M I_1$, 可算得互感系数为

$$M = \frac{U_2}{\omega I_1}$$

3. 耦合系数 K 的测定

两个互感线圈耦合松紧的程度可用耦合系数 K 来表示。

如图 6.1.8 所示, 先在 N_1 侧加低压交流电压 U_1, 测出 N_2 侧开路时的电流 I_1, 求出

$$L_1 = \frac{U_1}{\omega I_1}$$

然后再在 N_2 侧加电压 U_2，测出 N_1 侧开路时的电流 I_2，求出

$$L_2 = \frac{U_2}{\omega I_2}$$

根据各自的自感 L_1 和 L_2，即可算得 K 值为

$$K = M / \sqrt{L_1 L_2}$$

6.2　变压器

在实际应用中，发电机发出的电压受其绝缘条件的限制不可能太高，一般为 $6.3 \sim 27\text{kV}$。运用第 4 章的知识：输出功率 P 一定时，电压 U 愈高，则线路电流 I 愈小，这样不仅可以减小输电线的截面积，节省导电材料的用量，而且还可减小线路的功率损耗。因此，远距离输电时利用升压变压器将电压升高是最经济的方法。一般来说，当输电距离越远、输送的功率越大时，要求的输电电压也越高。例如，某 500kV 56.5km 跨海输电工程，电能送到用电地区后，还要用降压变压器把输电电压降低为配电电压（10kV 电压），然后再送到各用电分区，最后再经配电变压器把电压降到用户所需要的电压等级（6kV 或 $380/220\text{V}$），供用户使用。

为了保证用电的安全和合乎用电器件的电压要求，还有各种专门用途的变压器，如自耦变压器、互感器、隔离变压器及各种专用变压器（如用于电焊、电炉等的变压器）等。

由此可见，变压器的用途十分广泛，除了用于改变电压外，还可用来改变电流（如电流互感器）、变换阻抗（如电子设备中的输出变压器）。

6.2.1　变压器的结构

绕在同一骨架或铁芯上的两个线圈便构成了一个变压器。变压器的种类很多，按用途分为电力变压器、调压变压器、电压互感器等。按工作频率不同分为高频变压器、中频变压器和低频变压器。按铁芯使用的材料不同，分为高频铁氧体变压器、铁氧体变压器及硅钢片变压器，它们分别应用于高频、中频及低频电路中。

尽管变压器的种类很多，但基本结构是相同的，都由铁芯和绕组两部分组成。

1. 铁芯

铁芯构成了电磁感应所需的磁路。为了增强磁的交链，尽可能减小涡流损耗，铁芯常用磁导率较高而又相互绝缘的硅钢片相叠而成。每一片厚度为 $0.35 \sim 0.5\text{mm}$，表面涂有绝缘漆。铁芯分为芯式和壳式两种。

芯式铁芯的特点是：铁芯成"口"形，绕组套在铁芯柱上，该结构多应用于大容量的电力变压器上，如图 6.2.1（a）所示；壳式铁芯的特点是：铁芯成"日"形，绕组被包围在中间，该结构常用于小容量的电子设备用变压器，如图 6.2.1（b）所示。

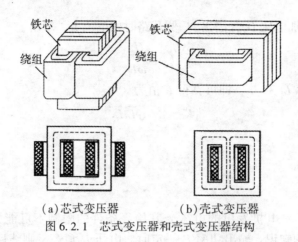

(a)芯式变压器　　　　(b)壳式变压器

图 6.2.1　芯式变压器和壳式变压器结构

2. 绕组

变压器的绕组用绝缘良好的漆包线、纱包线等绕成。变压器工作时与电源连接的绕组叫初级绕组(也叫初级线圈),与负载连接的绕组叫次级绕组(也叫次级线圈)。通常低压绕组靠近铁芯柱的内层,其原因是低压绕组和铁芯间所需绝缘较为简单。高压绕组在低压绕组的外边。变压器绕组的一个重要问题是必须有良好的绝缘。绕组与铁芯之间、不同绕组之间及绕组的匝间和层间的绝缘要好。为此,生产变压器时还要进行去潮、烘烤、灌蜡、密封等处理。

6.2.2　变压器的原理

如图 6.2.2(a)是变压器的示意图,图 6.2.2(b)是它的电路符号。在初级线圈上加交变电压 U_1,初级线圈中就有交变电流,它在铁芯中产生交变的磁通量,这个交变磁通量既穿过初级线圈,也穿过次级线圈,在原、次级线圈中都要引起感生电动势。如果次级线圈电路是闭合的,在次级线圈中就产生交变电流,它也在铁芯中产生交变磁通量,这个交变磁通量既穿过次级线圈,也穿过初级线圈,在原、次级线圈中同样要引起感生电动势。根据前面所学知识,这种在原、次级线圈中由于有交变电流而发生的互相感应现象是互感现象。因此,互感现象是变压器工作的基础。

1. 电压变换原理(空载运行)

初级线圈和次级线圈中的电流共同产生的磁通量,绝大部分通过铁芯,只有一小部分漏到铁芯之外,在粗略的计算中可以略去漏掉的磁通量,认为穿过这两个线圈的交变磁通量相同,因而这两个线圈每匝所产生的感应电动势相等。设初级线圈的匝数是 N_1,次级线圈的匝数是 N_2,穿过铁芯的磁通量是 Φ,那么原、次级线圈中产生的感应电动势分别是

$$e_1 = N_1 \frac{\mathrm{d}\Phi}{\mathrm{d}t}, \ e_2 = N_2 \frac{\mathrm{d}\Phi}{\mathrm{d}t}$$

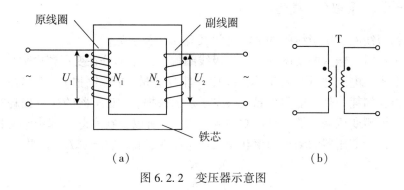

图 6.2.2　变压器示意图

由此可得

$$\frac{e_1}{e_2} = \frac{N_1}{N_2}$$

在初级线圈中，感应电动势 e_1 起着阻碍电流变化的作用，与加在初级线圈两端的电压(初级电压)u_1 的作用相反，是反电动势。初级线圈的电阻很小，如果略去不计，则有 $u_1 = e_1$。次级线圈相当于一个电源，感应电动势 e_2 相当于电源的电动势，次级线圈的电阻也很小，如果忽略不计，次级线圈就相当于无内阻的电源，因而次级线圈的端电压(次级电压)u_2 等于感应电动势 e_2，即 $u_2 = e_2$。用 U_1、U_2 分别表示 u_1、u_2 的有效值，因此得到

$$\frac{U_1}{U_2} = \frac{N_1}{N_2} = n \tag{6-2-1}$$

可见，变压器初级线圈与次级线圈的电压有效值之比等于这两个线圈的匝数比 n(也称变压比)。如果 $N_2 > N_1$ 亦即 $n < 1$，U_2 就大于 U_1，变压器就使电压升高，这种变压器叫做升压变压器；如果 $N_1 > N_2$ 亦即 $n > 1$，U_1 就大于 U_2，变压器就使电压降低，这种变压器叫做降压变压器；如果 $N_1 = N_2$ 亦即 $n = 1$，此时 $U_1 = U_2$，这样的变压器一般称为隔离变压器。

在变压器中，次级线圈的输出电压一定是交流电压，这一电压的频率也一定与加到初级线圈两端的交流电压频率相同。因为初级线圈产生的交变磁场变化规律与输入交流电压的变化规律相同，而次级线圈输出的交流电压变化规律同磁场变化规律一样，这样输出电压的频率同输入电压的频率相同。

需要说明的是，当给变压器的初级线圈加上直流电压时，初级线圈中流过的是直流电流，此时初级线圈产生的磁链大小和方向均不变，这时次级线圈就不能产生感应电动势，也就是次级线圈两端无输出电压(没有交流电压也没有直流电压输出)。

由此可知，变压器不能将初级线圈中的直流电流加到次级线圈中，具有"隔直"的特性。

当流过变压器的初级线圈中的电流为交流电流时，次级线圈两端有交流电压输出，所以变压器能够让交流电通过，具有"通交"的作用。利用变压器的这一特性可以将它作为耦合元器件使用。

2. 电流变换原理(负载运行)

变压器初级线圈、次级线圈的电流之间又有什么关系呢?

变压器工作时,输入的功率主要由次级线圈输出,小部分在变压器内部损耗了,变压器的线圈有电阻,电流通过时要生热,损耗一部分能量(亦称铜损)。铁芯在交变磁场中反复磁化,也要损耗一部分能量使铁芯发热(亦称铁损)。变压器的能量损耗很小,效率很高,特别是大型变压器,效率可达 97%~99.5%。所以,在实际计算中常常把损耗的能量略去不计,认为变压器的输出功率和输入功率相等,即 $U_1I_1 = U_2I_2$。因此

$$\frac{I_1}{I_2} = \frac{N_2}{N_1} \tag{6-2-2}$$

这就是变压器工作时初级线圈、次级线圈中电流之间的关系。可见,变压器工作时初级线圈和次级线圈中的电流有效值与线圈的匝数成反比。变压器的高压线圈匝数多而通过的电流小,可用较细的导线绕制;低压线圈匝数少而通过的电流大,应当用较粗的导线绕制。

【例 6-2-1】如图 6.2.3 所示电路中,(1)当 R 上的滑动片向下移动时,电流表读数怎样变化? (2)当电键 S 掷向 2 时,电流表的读数怎样变化?

解: (1)在输入电压和匝数比 N_1/N_2 一定的情况下,输出电压 U_2 是一定的,当 R 上的滑片向下移动时,R 减小,由 $I = U_2/R$ 可知,电流表读数变大。

(2)在输入电压 U_1 一定的条件下,当电键 S 由 1 掷向 2 时,匝数比 N_1/N_2 减小,输出电压 $U_2(=U_1N_2/N_1)$ 增大,由 $I = U_2/R$ 可知,电流表读数变大。

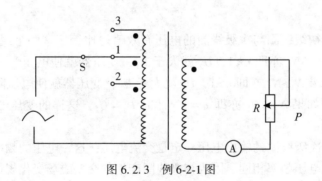

图 6.2.3　例 6-2-1 图

3. 阻抗变换原理

变压器的负载运行时具有变流作用,负载阻抗 Z_L 决定电流 I_2 的大小,电流 I_2 的大小又决定初级电流 I_1 的大小。可设想初级电路存在一个等效电阻 Z',它的作用是将次级阻抗 Z_L 折合到初级电路中,如图 6.2.4 所示。

在次级电路可得:

$$Z_L = \frac{U_2}{I_2}$$

在初级电路可得:

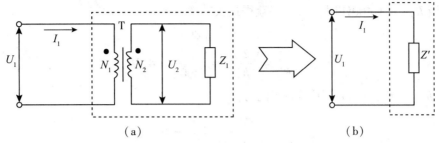

图 6.2.4　变压器的阻抗变换

$$Z' = \frac{U_1}{I_1}$$

根据以上两式可得：

$$\frac{Z'}{Z_L} = \frac{U_1}{U_2}\frac{I_2}{I_1} = n^2$$

即

$$Z' = n^2 Z_L \tag{6-2-3}$$

式(6-2-3)表明，变压器的次级接上 Z_L 后，对电源而言，相当于接上阻抗为 $n^2 Z_L$ 的负载。当变压器负载 Z_L 一定时，改变变压器的初、次级线圈的匝数比，可获得所需要的阻抗。

电子电路输入端阻抗与信号源内阻相等时，信号源可把信号功率最大限度地传送给电路。同样，当负载阻抗与电子线路的输出阻抗相等时，负载上得到的功率为最大。这种情况称作"阻抗匹配"。然而在实际电路中，信号源和负载的阻抗并不都匹配，需要匹配元件或电路插在两者之间，以实现阻抗匹配。变压器的阻抗变化功能正好能实现这种连接。当然在实际应用中，为了获得较好的电压传输效率或减少信号波形失真，应用变压器主要是为了实现合理的阻抗变换而非"完全匹配"。

【例 6-2-2】一只 4Ω 的扬声器，经变压器接入晶体管功率放大电路中。该功放电路相当于电动势 $E = 80\text{V}$、内阻为 $R_0 = 400\Omega$ 的交流信号源。求：（1）该负载所能获得的最大功率是多少？此时变压器的变比是多少？（2）若将该负载直接接在信号源上，负载获得的功率又是多少？

解：应用变压器阻抗变换原理，实现阻抗匹配，可使负载获得最大功率。

根据已知条件，画出阻抗等效图如图 6.2.5 所示。

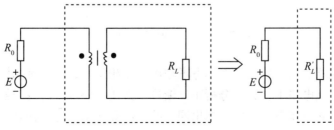

图 6.2.5　例 6-2-2 阻抗等效电路图

（1）当 $R'_L = R_0 = 400\Omega$ 时，负载将获得最大功率，即

$$P_{\max} = \frac{U^2}{R'_L} = \frac{\left(\dfrac{E}{2}\right)^2}{R'_L} = \frac{\left(\dfrac{80}{2}\right)^2}{400} = 4(\mathrm{W})$$

根据 $R'_L = n^2 R_L$，可得变压器的变比为：

$$n = \sqrt{\frac{R'_L}{R_L}} = \sqrt{\frac{400}{4}} = 10$$

（2）若负载直接接在信号源上，则负载获得的功率是

$$P = \left(\frac{E}{R_0 + R_L}\right)^2 \cdot R_L = \left(\frac{80}{400 + 4}\right)^2 \times 4 \approx 0.157(\mathrm{W})$$

可见，通过选择变比，获得所需要的阻抗，从而可使负载获得最大功率。

4. 变压器的同名端特性说明

在前面介绍互感时，提到了互感线圈的同名端及其判定方法，由于变压器是根据互感原理制成的，因此，变压器也存在同名端的特性。下面以图 6.2.6 为例作简要说明。

电路中，T 是一个变压器，从图中可以看出，在变压器的 1 和 3 端各标出一个黑点，这是同名端的标记，表示 1 端和 3 端是同名端，说明这两个端点电压是同相位的关系。同相位就是这两个端点电压同时增大，同时减小（若一个端点在增大，另一个端点在减小，则称为反相）。

通过波形，可以形象地表示变压器同名端的意义。从图 6.2.6 中的波形可以看出，变压器的 1 端和 3 端的电压波形是同时增大同时减小的，因此，1 端和 3 端是同名端；而次级线圈 4 端电压波形与 1 端电压波形恰好相反，即 1 端与 4 端是异名端。

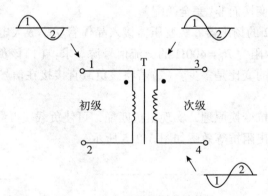

图 6.2.6　变压器的同名端特性

当只考虑变压器输出电压大小而不考虑输出电压相位时，可不标出同名端。但是，在有些振荡器的正反馈电路中，为了分析正反馈过程方便，要求了解变压器初级和次级线圈输出电压的相位，此时要在变压器中标出同名端。需要注意的是，同名端只出现在紧耦合的变压器中。

6.2.3 变压器的功率和效率

1. 变压器的功率

变压器初级的输入功率为

$$P_1 = U_1 I_1 \cos\varphi_1 \qquad (6\text{-}2\text{-}4)$$

式中，φ_1 为初级电压与电流的相位差。

变压器次级的输出功率为

$$P_2 = U_2 I_2 \cos\varphi_2 \qquad (6\text{-}2\text{-}5)$$

式中，φ_2 为次级电压与电流的相位差。

变压器的损耗功率为输入功率和输出功率之差，即

$$P_损 = P_1 - P_2 \qquad (6\text{-}2\text{-}6)$$

2. 变压器的效率

变压器的输出功率 P_2 与输入功率 P_1 之比，称为变压器的效率，即

$$\eta = \frac{P_2}{P_1} \times 100\% \qquad (6\text{-}2\text{-}7)$$

为了减小损耗、提高效率，变压器一般采用如下措施：

(1)为减少磁滞损耗，采用磁滞回线面积较小的磁性材料——软磁材料，如硅钢片、坡莫合金及铁氧体等。

(2)在铁芯材料方面，采用电阻率较高的导磁材料，如硅钢片。这些措施可以增大涡流通路中的电阻，从而降低涡流损耗。

(3)在铁芯结钩方面，将整块铁芯改为由 0.35~0.55mm 厚的硅钢片叠装而成，硅钢片之间彼此绝缘。

【例 6-2-3】将电阻 R_1 和 R_2 如图 6.2.7(a)所示接在变压器上，变压器初级线圈接在电压恒为 U 的交流电源上，R_1 和 R_2 上的电功率之比为 2：1。若其他条件不变，只将 R_1 和 R_2 改成如图 6.2.7(b)接法，R_1 和 R_2 上的电功率之比为 1：8。若图(a)中初级线圈电流 I_1，图(b)中初级线圈电流为 I_2，求：(1)两组次级线圈的匝数之比；(2)I_1 和 I_2 之比。

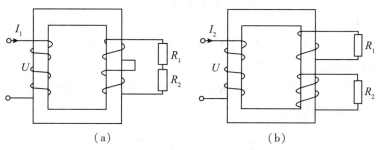

图 6.2.7　例题 6-2-3 电路图

解：（1）图（a）中 R_1 和 R_2 串联，电流相同，功率与电阻成正比，所以有

$$R_1 = 2R_2 \tag{1}$$

设三组线圈的匝数分别是 N_1、N_2、N_3，两组次级线圈上的电压分别是 U_2 和 U_3，可得：

$$U_2 = \frac{N_2}{N_1}U, \quad U_3 = \frac{N_3}{N_1}U$$

图（b）中的 R_1 和 R_2 上的电功率之比为 $1 : 8$，即

$$8 \frac{\left(\frac{N_2}{N_1}U\right)^2}{R_1} = \frac{\left(\frac{N_3}{N_1}U\right)^2}{R_2} \tag{2}$$

联立式（1）和式（2）解得

$$\frac{N_2}{N_3} = \frac{1}{2}$$

（2）设图（a）中输出功率为 P_1，则

$$P_1 = \left(\frac{N_2 + N_3}{N_1}U\right)^2 \frac{1}{R_1 + R_2}$$

设图（b）中输出功率为 P_2，则

$$P_2 = \left(\frac{N_2}{N_1}U\right)^2 \frac{1}{R_1} + \left(\frac{N_3}{N_1}U\right)^2 \frac{1}{R_2}$$

将 $R_1 = 2R_2$，$N_1 = 2N_2$ 代入，可得

$$\frac{P_1}{P_2} = \frac{2}{3}$$

由于输入功率等于输出功率，所以图（a）、图（b）中输入功率之比也为 2/3。又根据 $P = IU$，电压恒定，所以两图中电流之比 $I_1 : I_2 = 2 : 3$。

【**例 6-2-4**】发电厂输出的交流电压为 22kV，输送功率为 2.2×10^6W。现在用户处安装降压变压器，用户的电压为 220V，发电厂到变压器间的输电导线总电阻为 22Ω。求：（1）输电导线上损失的电功率；（2）变压器原次级线圈匝数之比。

解：（1）先求出输送电流，即

$$I_总 = \frac{P_总}{U_总} = \frac{2.2 \times 10^6}{2.2 \times 10^4} = 100(A)$$

则损失功率为

$$P_损 = I_总^2 R = 100^2 \times 22 = 2.2 \times 10^5(\text{W})$$

（2）变压器初级线圈电压 U_1 为：

$$U_1 = U_总 - U_损 = U_总 - I_总 R = 2.2 \times 10^4 - 100 \times 22 = 19800(\text{V})$$

所以原次级线圈匝数比为

$$\frac{N_1}{N_2} = \frac{U_1}{U_2} = \frac{19800}{220} = 90$$

6.2.4 变压器的额定值

为确保变压器合理、安全运行，生产厂家根据国家技术标准，对变压器的工作条件进行了使用上的规定，为用户提供了变压器的允许工作数据，称为额定值。它们通常标注在变压器的铭牌上，故也称为铭牌值，并用下标"N"表示。

1. 额定电压(U_{1N}/U_{2N})

根据变压器的绝缘强度和允许温升所规定的电压值，U_{1N}是指初级电源电压的有效值，U_{2N}是指当初级加电压U_{1N}时，次级空载时次级电压的有效值。对于三相变压器，额定电压是指线电压的有效值。

2. 额定电流(I_{1N}/I_{2N})

原、次级额定电流值I_{1N}和I_{2N}是指原、次级允许通过的最大电流，是根据绝缘材料允许的温度确定的。变压器的满载运行是指变压器负载运行时的次级电流$I_2 = I_{2N}$的运行方式，也称为变压器带额定负载运行；欠载运行是指$I_2 < I_{2N}$的运行方式；过载运行则是指$I_2 > I_{2N}$的运行方式。

3. 额定容量(S_N)

S_N是指次级输出的额定视在功率，单位是 VA 或 kVA。由于变压器的效率很高，所以，通常原、次级的额定容量设计得相等。

对于单相变压器：$S_N = U_{2N}I_{2N} = U_{1N}I_{1N}$

对于三相变压器：$S_N = \sqrt{3}\ U_{2N}I_{2N} = \sqrt{3}\ U_{1N}I_{1N}$

S_N反映了变压器传输电功率的能力，但不是实际的输出功率P_2。这是因为P_2为负载的功率，与负载的功率因数有关。例如，容量为$P_2 = 100\text{kVA}$的变压器，当接入$\cos\varphi = 0.8$的额定负载时，变压器的输出功率为

$$P_2 = U_{2N}I_{2N}\cos\varphi = S_N\cos\varphi = 10 \times 0.8 = 8(\text{kW})$$

所以，为充分发挥变压器的性能，希望负载的功率因数越大越好。

4. 额定频率(f_N)

f_N是指变压器的工作频率，单位 Hz。我国规定的工业标准频率(简称工频)为 50Hz (某些国家为 60Hz)，频率的改变将影响变压器的某些工作参数，影响变压器的运行性能。

【例 6-2-5】一台单相变压器，额定容量$S_N = 180\text{kVA}$，其额定电压为 6000/230V，变压器的铁损为 0.5kW，满载时的铜损为 2kW，如果变压器在满载情况下向功率因数为 0.85 的负载供电，这时副绕组的端电压为 220V。求：(1)变压器的效率；(2)这台变压器能否允许接入 120kW、功率因数为 0.55 的感性负载？

解：(1) $$I_{2N} = \frac{S_N}{U_{2N}} = \frac{180 \times 10^3}{230} = 783(\text{A})$$

$$P_2 = U_2 I_2 \cos\varphi = 220 \times 783 \times 0.85 = 146(\text{kW})$$

$$\eta = \frac{P_2}{P_2 + P_{损}} = \frac{146 \times 10^3}{146 \times 10^3 + 0.5 \times 10^3 + 2 \times 10^3} = 98\%$$

（2）
$$I_2 = \frac{P_2}{U_2 \cos\varphi} = \frac{120 \times 10^3}{220 \times 0.55} = 992(\text{A}) > I_{2N}$$

所以，不允许接入该负载。

6.2.5　特殊变压器

变压器的种类很多，除上面介绍的常见电力变压器外，下面再介绍几种常用的变压器。

1. 自耦变压器

图 6.2.8 是自耦变压器示意图。这种变压器的特点是铁芯上只绕一个线圈，如果把整个线圈作初级线圈，只取线圈的一部分作次级线圈，就可以降低电压，如图 6.2.8(a) 所示；如果把线圈的一部分作初级线圈，整个线圈作次级线圈，就可以升高电压，如图 6.2.8(b) 所示。

自耦变压器的原、次级不仅有磁的耦合，还存在着电的直接联系，这是区别于普通变压器的地方。自耦变压器在磁路上原、副绕组自相耦合，这就是"自耦"的来源。

自耦变压器的电压、电流变换作用与普通变压器相似，即

$$\frac{U_1}{U_2} = \frac{N_1}{N_2}, \quad \frac{I_1}{I_2} = \frac{N_2}{N_1}。$$

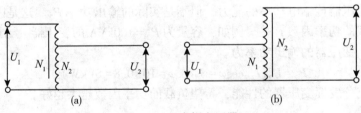

(a) (b)

图 6.2.8　自耦变压器

调压器就是一种自耦变压器，它的构造和电路如图 6.2.9 所示。自耦变压器的次级抽头制成沿绕组可自动滑动的触头，这样可以自由、平滑地调节输出电压。

使用自耦变压器时，要注意以下几点：

（1）原、次级绕组不能接错，否则会烧毁变压器。

（2）接电源的输入端共三个，用于 220V 或 110V 电源，不可将其接错，否则会烧毁变压器。

（3）接通电源前，要将手柄转到零位；接通电源后，逐渐转动手柄，调节至所需要的输出电压为止。

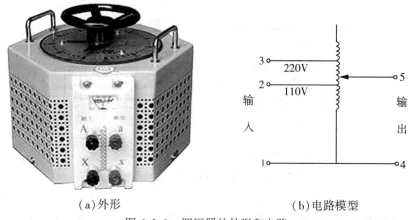

(a)外形   (b)电路模型

图 6.2.9 调压器的外形和电路

2. 互感器

互感器也是一种变压器。交流电压表和电流表都有一定的量度范围,不能直接测量高电压和大电流。因为高电压对人有危险,为了保证工作人员的安全,不能把电表直接接入高电压电路中,而是用变压器把高电压变成低电压,或者把大电流变成小电流,再供电压表或电流表测量。这种变压器叫做互感器。互感器又分电压互感器和电流互感器两种。

1)电压互感器

电压互感器用来把高电压变成低电压,它的初级线圈并联在高压电路中,次级线圈接入交流电压表。根据电压表测得的电压 U_2 和互感器铭牌上注明的变压比(U_1/U_2),可以算出电路中的电压。如图 6.2.10(a)为电压互感器的测试电路。

由于电压表的阻抗很大,因此,电压互感器的工作情况与普通变压器的空载运行相似,即 $U_1/U_2=N_1/N_2=n$(n 为电压互感器的变比,且 $n>1$)。为了便于标准化,使其次级的额定电压均为标准值 100V,对不同电压等级的高压电路选用相应变比的电压互感器,如有 6000V/100V、10000V/100V 等不同型号的电压互感器。

电压互感器的次级不能短路,否则会因短路电流过大而烧毁;其次,电压互感器的铁芯、金属外壳和次级的一端必须可靠接地,防止绝缘损坏时,次级出现高电压而危及人员的安全。

2)电流互感器

电流互感器用来把大电流变成小电流,所以其初级匝数少,次级匝数多。

如图 6.2.10(b)为电流互感器的测试电路。由于电流互感器是测量电流的,所以其初级应串接于被测线路中,次级与电流表相串接,根据安培表测得的电流 I_2 和铭牌上注明的变流比(I_1/I_2),可以算出被测电路中的电流。

由于电流表等负载的阻抗都很小,因此电流互感器的工作情况相当于次级短路运行的普通变压器。通常,电流互感器的次级额定电流设计成标准值 5A,如 30A/5A、75A/5A、100A/5A 等不同型号的电流互感器。选用时,应使互感器的初级额定电流与被测电路的最大工作电流一致。

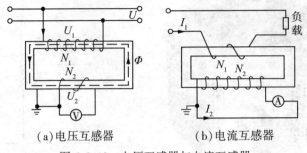

(a)电压互感器　　　　　　(b)电流互感器

图 6.2.10　电压互感器与电流互感器

　　测流钳是电流互感器的一种变形，如图 6.2.11(a)所示。它的铁芯如同一把钳子，用弹簧压紧。测流钳的原理图如图 6.2.11(b)所示。测量时将钳压开而引入被测导线，这时该导线就是原绕组，副绕组绕在铁芯上并与电流表接通。利用测流钳可以随时随地测量线路中的电流，无须像普通电流互感器那样必须固定在一处或者在测量时要断开电路而将原绕组串接进去。

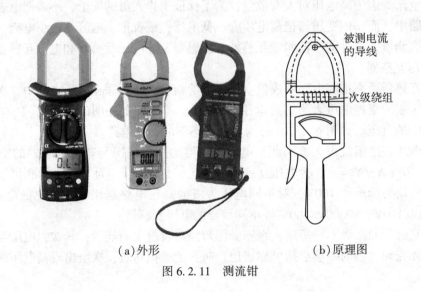

(a)外形　　　　　　(b)原理图

图 6.2.11　测流钳

　　在使用电流互感器时，副绕组电路是不允许断开的。这点和普通变压器不一样。因为它的原绕组是与负载串联的，其中电流 I_1 的大小取决于负载的大小，不是取决于副绕组电流 I_2。所以当副绕组电路断开时(如在拆下仪表时未将副绕组短接)，副绕组的电流和磁动势立即消失，但是原绕组的电流 I_1 未变，这时铁芯内的磁通全由原绕组的磁动势 I_1N_1 产生，结果造成铁芯内很大的磁通(因为这时副绕组的磁动势为零，不能对原绕组的磁动势起去磁作用了)。这一方面使铁损大大增加，从而使铁芯发热到不能容许的程度；另一方面又使副绕组的感应电动势增高到危险的程度。

6.2.6　技能训练　认识变压器

（1）查看如图6.2.12所示变压器铭牌数据，得到额定电流I_{1N}、I_{2N}与额定电压U_{1N}、U_{2N}。

（2）测试如图6.2.12所示变压器的同名端。

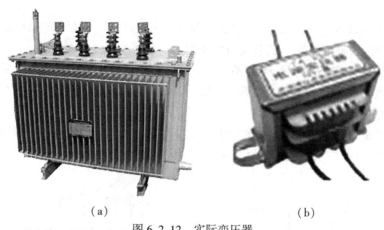

（a）　　　　　　　　　　　　　（b）

图6.2.12　实际变压器

习　　题

6.1　变压器的铁芯是起什么作用的？不用铁芯行不行？

6.2　为什么变压器的铁芯要用硅钢片叠成？用整块的铁芯行不行？

6.3　变压器能否用来变换直流电压？如果将变压器接到与额定电压相同的直流电源上，会有输出吗？会产生什么后果呢？

6.4　有一空载变压器，初级加额定电压220V，并测得原绕组电阻$R_1 = 10\Omega$，试问初级电流是否等于22A？

6.5　如果错误地把电源电压220V接到调压器的输出端，试分析会出现什么问题？

6.6　调压器用毕为什么必须调回零点？

6.7　已知某单相变压器的初级电压为3000V，次级电压为220V，负载是一台220V、25kW的电阻炉，求原、次级绕组中的电流各为多少？

6.8　题6.8图所示是一电源变压器，初级有550匝，接220V电压，次级有两个绕组，一个电压36V，负载36W，另一个电压12V，负载24W。不计空载电流，两个都是纯电阻负载。试求：（1）一次侧两个绕组的匝数；（2）一次侧绕组的电流；（3）变压器的容量至少为多少？

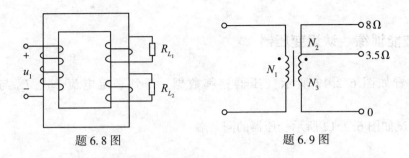

题 6.8 图   题 6.9 图

6.9 题 6.9 图中，输出变压器的次级绕组有中心抽头，以便接 8Ω 或 3.5Ω 的扬声器，两者都能达到阻抗匹配。试求次级绕组两部分匝数之比 N_2/N_3。

6.10 有一单相照明变压器，容量为 10kVA，电压为 3300/220V，欲在次级接上 60W、220V 的白炽灯，如果要求变压器在额定状态下运行，可接多少个白炽灯？并求原、副绕组的额定电流。

6.11 题 6.11 图中已知信号源的电压 $U_s = 12V$，内阻 $R_0 = 1kΩ$，负载电阻 $R_L = 8Ω$，变压器的变比 $n = 10$，求负载上的电压 U_L。

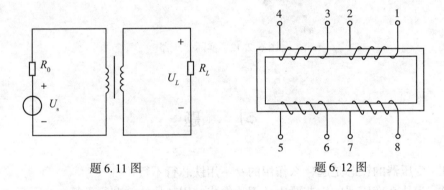

题 6.11 图   题 6.12 图

6.12 已知信号源的交流电动势 $E = 2.4V$，内阻 $R_0 = 600Ω$，通过变压器使信号源与负载完全匹配，若这时负载电阻的电流 $I_2 = 4mA$，则负载电阻应为多大？

6.13 单相变压器一次绕组匝数 $N_1 = 1000$ 匝，二次绕组匝数 $N_2 = 500$ 匝，现一次侧加电压 $U_1 = 220V$，二次侧接电阻性负载，测得二次侧电流 $I_2 = 4A$，忽略变压器的内阻抗及损耗，试求：(1) 一次侧等效阻抗 $|Z_1'|$；(2) 负载消耗的功率 P_2。

6.14 某设备的单相变压器，一次侧的额定电压为 220V，额定电流为 4.55A，二次侧的额定电压为 36V，试求二次侧可接 36V、60W 的白炽灯多少盏？

6.15 有一台单相照明变压器，容量为 10kVA，电压为 380V/220V。(1) 今欲在二次侧接上 40W、220V 的白炽灯，最多可接多少盏？计算此时的一、二次绕组工作电流；(2) 欲接功率因数为 0.44、电压为 220V、功率为 40W 的日光灯（每盏灯附有功率损耗为 8W 的镇流器），则最多可接多少盏？

6.16 变压器的容量为 1kVA，电压为 220V/36V，每匝线圈的感应电动势为 0.2V，变压器工作在额定状态。(1) 一、二次绕组的匝数各为多少？(2) 变比为多少？(3) 一、二次绕组的电流各为多少?

6.17　单相变压器的额定容量为 660kVA，一次和二次绕组分别为 480 匝和 32 匝。空载时一次侧电压为 6000V，求二次侧电压。

6.18　电源变压器一次侧额定电压为 220V，二次侧有两个绕组，额定电压和额定电流分别为 450V、0.5A 和 110V、2A。求一次侧的额定电流和容量。

第7章　低压控制器的分析与测试

现代生产机械大部分是由电动机拖动的。为了使电动机按照生产机械的要求运转，必须用一定的控制电器组成控制电路，对电动机进行控制。基本控制方法普遍采用接触器、继电器、按钮开关等有触点电器组成控制电路，对电动机进行启动、停止、正反转制动以及行程、时间、顺序等控制。如果再配合其他无触点控制电器、控制电机、电子电路以及可编程序控制器等，则可构成生产机械的现代化自动控制系统。

常用低压控制电器是指工作电压在直流 1200V 以下、交流 1000V 以下的各种控制电器，按其动作性质又可分为手动电器和自动电器两种。

7.1　开关电器

7.1.1　刀开关

刀开关广泛用于低压配电柜、电容器柜及车间动力配电箱中，作为不频繁直接启动及分断电路之用。刀开关在电路图中的符号如图 7.1.1 所示，按极数不同刀开关分为单极（单刀）、双极（双刀）和三极（三刀）三种。刀开关是结构最简单的一种手动电器，它由静插座、手柄、触刀、铰链支座和绝缘底板组成。刀开关在低压电路中，用于不频繁接通和分断电路，或用来将电路和电源隔离，因此刀开关又称为"隔离开关"。

常用型号有 HK 系列、HS 系列、HD 系列、HH 系列和 HR 系列。HK 系列一般适用于交流额定电压 380V，主要用于电气照明线路、电热控制回路，也可用于分支电路的控制，并可作为不频繁直接启动及停止小型异步电动机（4.5kW 以下）使用。HS、HD 系列可用于额定电压交流 500V、直流 440V 及额定电流 1500A 以下，用于工业企业配电设备中，作为不频繁地手动接通和切断或隔离电源之用。HH 系列适用于工矿企业、农业排灌、施工工地、电焊机和电热照明等各种配电设备中，供手动不频繁地接通和分断负荷电路，内部装有熔断器，具有短路保护，并可作为交流异步电动机的不频繁直接启动及分断之用。HR 系列具有熔断器和刀开关的基本性能，适用于交流 50Hz、380V 或直流电压 440V、额定电流 100~600A 的工业企业配电网络中，一般用于正常供电情况下不频繁地接通和切断电路，作为电气设备及线路的过负荷和短路保护。

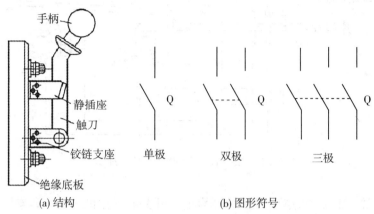

(a) 结构   (b) 图形符号

图 7.1.1 刀开关

刀开关安装和使用中的安全注意事项如下：

(1) 安装单刀开关时，必须使静触头在上面，动触头(刀片)在下面，电源线接在静触头侧，动触头侧接负载线。其中 HK 系列刀开关只能垂直安装，不得水平安装，使用时必须将胶盖盖好。

(2) 普通刀开关不能带负荷操作。

(3) 带有熔断器的刀开关，在更换熔体时，换件与原件的规格必须相同，不可随意代替。

(4) 刀开关的选用方法，对于普通负荷选用的额定电流不应小于电路最大工作电流，对于电动机电路，刀开关的额定电流为电动机额定电流的 3 倍。

运行中刀开关的巡查应做到：

(1) 电流表指示或实测负荷电流是否超过开关的额定电流，触头有无过热现象。如触头刀片发生严重变色或严重氧化，应及时进行处理或更换。

(2) 检查触头接触是否紧密，有无烧伤及麻点，三相触头动作位置是否同步。

(3) 检查绝缘杆、灭弧罩、底座是否完整，有无损坏现象。

(4) 检查胶盖闸的胶盖有无破碎或脱落。

(5) 检查刀开关及操作机构是否完好，分合指示是否与实际状态相符。

7.1.2　自动空气断路器

自动空气断路器也称空气开关或自动开关，适用于交流 50Hz、额定工作电压 380V 的电路中，它既能带负荷通断电路，又能在短路、过负荷和低电压(或失压)时自动跳闸，是常用的一种低压保护电器。它的结构形式很多，图 7.1.2 所示的是自动空气断路器的一般原理图。

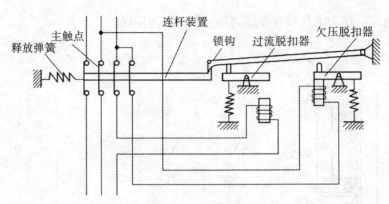

图 7.1.2　自动空气断路器的原理图

　　主触点通常是由手动的操作机构来闭合的。开关的脱扣机构是一套连杆装置，当主触点闭合后就被锁钩锁住。如果电路发生故障，脱扣机构就在脱扣器的作用下将锁钩脱开，于是主触点在释放弹簧的作用下迅速分断。脱扣器有过流脱扣器和欠压脱扣器等，它们都是电磁铁装置。在正常情况下，过流脱扣器的衔铁是释放着的，一旦发生严重过载或短路故障，与主电路串联的线圈(图中只画出一相)就将产生较强的电磁吸力把衔铁往下吸而顶开锁钩，使主触点断开。欠压脱扣器的工作恰恰相反，在电压正常时，吸住衔铁，主触点才得以闭合；一旦电压严重下降或断电时，衔铁就被释放而使主触点断开。当电源电压恢复正常时，必须重新手动合闸后才能工作，这样就实现了失压保护。

　　常用的自动空气断路器有 DZ、DW 等系列，如图 7.1.3 所示。DW 系列均为外露式结构，主要附件都能看见；DZ 系列为封闭式结构，各部件都封装在绝缘外壳中，对人身及周围设备有较好的安全性。

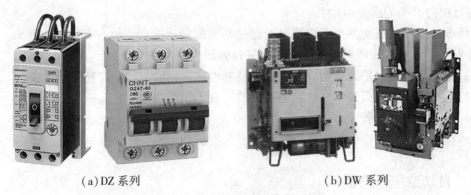

(a)DZ 系列　　　　　　　　　　　　(b)DW 系列

图 7.1.3　自动空气断路器的外形

　　DZ 系列目前最大额定电流为 600A，DW 系列额定电流为 200～4000A。使用中的安全注意事项如下：

　　(1)额定电压应与线路电压相符，额定电流和脱扣器整定电流应满足最大负荷电流的需要。

　　(2)选定型号的极限通断能力应大于被保护线路的最大短路电流。

（3）对于负荷启动电流倍数较大，而实际工作电流较小，且过电流整定倍数较小的线路或设备，一般应选用延时型自动开关，因为它的过电流脱扣器由热元件组成，具有一定的延时性。而对于短路电流相当大的线路，应选用限流型自动开关。如果开关选择不当，就有可能使设备或线路无法正常运行。

（4）使用中 DW 系列的过载脱扣可以在刻度范围内根据负荷情况适当调节整定值；而 DZ 系列出厂时整定好后，用户不得自行调节。

（5）DZ 系列动作掉闸时间可在 0.02s 左右，比 DW 系列要快。

（6）线路停电后恢复供电时，禁止自行启动的设备，不宜单独使用 DZ 系列控制，而应选用带有失压保护的控制电器或采用交流接触器与之配合使用。

（7）若缺少部件或部件损坏，则不得继续使用。特别是当灭弧罩损坏时，不论是多相或单相均不得使用，以免在断开时无法有效地熄灭电弧而使事故扩大。

7.1.3 交流接触器

交流接触器是一种靠电磁力的作用使触点闭合或断开来接通和断开电气设备电路的自动电器。在正常条件下，可以用来实现远距离控制或频繁地接通、断开主电路。接触器的主要控制对象是电动机，可以用来实现电动机的启动及正、反转运行等控制。交流接触器具有失压保护功能，有一定的过载能力，但不具备过载保护功能。图 7.1.4 是交流接触器的外形、结构和图形符号，注意属于同一器件的线圈和触点用相同的文字表示。

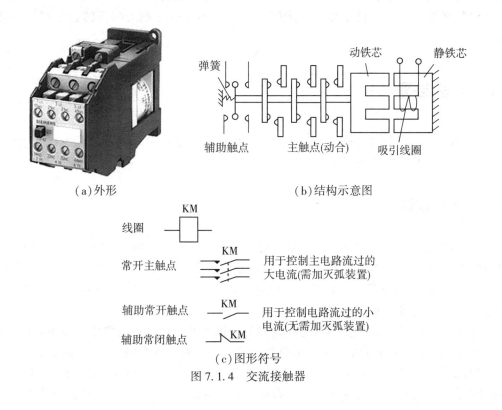

（a）外形　　　　　　　　（b）结构示意图

（c）图形符号

图 7.1.4　交流接触器

173

交流接触器具有一个套着线圈的静铁芯，一个与触头机械固定在一起的动铁芯（衔铁）。静铁芯固定不动，动铁芯与动触点连在一起可以左右移动。当静铁芯的吸引线圈通过额定电流时，静、动铁芯之间产生电磁吸力，动铁芯带动动触点一起右移，使动断触点断开，动合触点闭合；当吸引线圈断电或加在其上的电压低于额定值 40% 时，动铁芯就会因为电磁吸力过小而在弹簧的作用下带动触点复位，使动断触点闭合，动合触点断开。可见，利用交流接触器线圈的通电或断电可以控制交流接触器触点闭合或断开。

交流接触器的触点分为主触点和辅助触点两种。主触点的接触面积较大，允许通过较大的电流；辅助触点的接触面积较小，只能通过较小的电流（5A 以下）。主触点通常是 3~5 对动合触点，可接在电动机的主电路中。当接触器线圈通电时，主触点闭合，电动机旋转；当接触器线圈断电时，主触点断开，电动机停止转动。这就实现了利用线圈中小电流的通断来控制主电路中大电流的通断。交流接触器的辅助触点通常是两对动合触点和两对动断触点，可以用于控制电路中。

交流接触器使用中的安全注意事项如下：

（1）安装前应核实线圈额定电压，然后将铁芯极面上的防锈油脂擦净。

（2）一般应垂直安装，其倾斜角不得超过 5°。有散热孔的接触器，应将散热孔放在上下位置，以利于散热，降低线圈的温度。

（3）接触器安装接线时，不应把零件失落入接触器内部，以免引起卡阻和烧毁线圈。

（4）接触器安装检查接线正确无误后，应在主触头不带电的情况下，先使吸引线圈通电分合数次，以检查产品动作是否可靠，然后才能投入使用。

（5）接触器应定期进行检修。在维修触头时，不应破坏触头表面的合金层，不允许涂油。

7.2　主令电器

主令电器是用作接通或断开控制电路，以发出操作命令或作为程序控制的开关电器，主要包括控制按钮、组合开关等。

7.2.1　控制按钮

控制按钮属于主令电器之一，一般情况下不直接控制主电路的通断，而是在控制电路（其电流较小）中发出"指令"去控制接触器或继电器等，从而控制电动机或其他电气设备的运行。按钮的结构如图 7.2.1 所示，它由按钮帽、动触点、静触点和复位弹簧等构成，其触点容量小，通常不超过 5A。

在按钮未按下时，动触点是与上面的静触点接通的，这对触点称为动断触点（常闭触点）；而动触点和下面的静触点则是断开的，这对触点称为动合触点（常开触点）。当按下按钮帽时，上面的动断触点断开，而下面的动合触点接通；当松开按钮帽时，动触点在复位弹簧的作用下复位，使动断触点和动合触点都恢复原来的状态。常见的控制按钮分类和图形符号如表 7.2.1 所示。

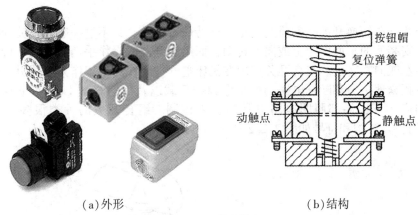

　　(a)外形　　　　　　　　　　　　　　(b)结构

图 7.2.1　控制按钮

　　控制按钮使用的颜色有红、黄、绿、蓝、黑、白和灰色，控制按钮的颜色含义如下：

　　(1)红色：一种含义是"停止"或"断电"，另一种含义是"处理事故"。

　　(2)绿色：含义是"启动"或"通电"。比如，正常启动、启动一台或多台电动机、装置的局部启动、接通一个开关装置(投入运行)。

　　(3)黄色：含义是"参与"。比如，防止意外情况、参与抑制反常的状态、避免不需要的变化(事故)。

　　(4)黑、白和灰色：含义是"无特定用意"。比如，除单功能的"停止"和"断电"按钮外的任何功能。

　　(5)蓝色：含义是"上列颜色未包含的任何用意"。比如，红、黄、绿色未包含的含义皆可采用蓝色。

表 7.2.1　　　　　　　　　　　　　　控制按钮分类

结构	（常闭动断按钮结构图，标注1、2）	（常开动合按钮结构图，标注3、4）	按钮帽 复位弹簧 支柱连杆 常闭静触头 桥式静触头 常开静触头 外壳 （复合按钮结构图，标注1、2、3、4）
符号	E—⊥/ SB	E——/ SB	（复合符号） SB
名称	常闭、动断按钮	常开、动合按钮	复合按钮

7.2.2 组合开关

组合开关又称转换开关，实质上也是一种特殊刀开关，只不过一般刀开关的操作手柄是在垂直于安装面的平面内向上或向下转动，而组合开关的操作手柄则是在平行于安装面的平面内向左或向右转动。组合开关多用在机床电气控制线路中，作为电源引入开关，也可以用作不频繁地接通和断开电路、换接电源和负载以及控制 5kW 以下的小容量电动机的正反转和启动等，局部照明电路也常用它来控制。组合开关的种类很多，常用的有 HZ10 等系列，其结构和符号如图 7.2.2 所示。

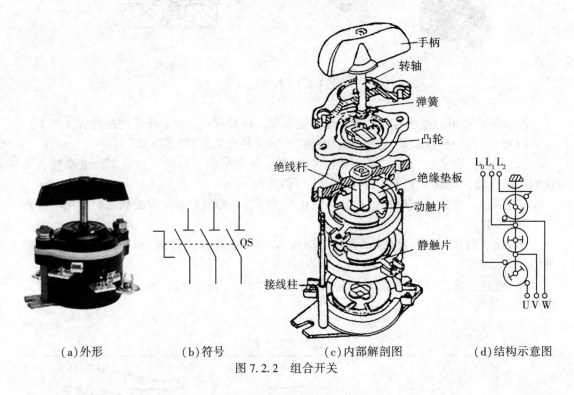

（a）外形　　　　　（b）符号　　　　　（c）内部解剖图　　　　　（d）结构示意图

图 7.2.2　组合开关

它有两对静触片，每个触片的一端固定在绝缘垫板上，另一端伸出盒外，连在接线柱上。两个动触片套在装有手柄的绝缘转动轴上，转动轴就可以将两个触点同时接通或断开。组合开关有单极、双极、三极和多极几种，额定电流有 10A、25A、60A 和 100A 等多种。

7.3　控制电器

7.3.1　时间继电器

在生产中经常需要按一定的时间间隔来对生产机械进行控制，如电动机的降压启动需要一定的延时时间，然后才能加上额定电压；在一条生产线中的多台电动机，需要分批启动，在第一批电动机启动后，需经过一定延时，才能启动第二批电动机。这类控制称为时间控制。时间控制通常利用时间继电器来实现。时间继电器是按照所整定时间间隔的长短来切换电路的自动电器，它的种类很多，常用的有空气式、电动式、电子式等，如图7.3.1所示。

图 7.3.1　时间继电器

空气式时间继电器的延时范围大，有 0.4~60s 和 0.4~180s 两种，结构简单，但准确度较差。图 7.3.2 所示为空气式时间继电器结构原理图，它是利用空气的阻尼作用而获得动作延时的，主要由电磁系统、触点、气室和传动机构组成。

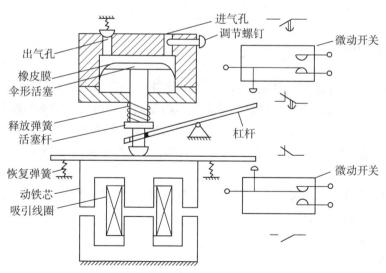

图 7.3.2　空气式时间继电器结构原理图

当线圈通电时，动铁芯就被吸下，使铁芯与活塞杆之间有一段距离，在释放弹簧的作用下，活塞杆就向下移动。由于在活塞上固定有一层橡皮膜，因此当活塞向下移动时，橡皮膜上方空气变稀薄，压力减小，而下方的压力加大，限制了活塞杆下移的速度。只有当空气从进气孔进入时，活塞杆才能继续下移，直至压下杠杆，使微动开关动作。可是，从线圈通电开始到触点(微动开关)动作需经过一段时间，此即时间继电器的延时时间。旋转调节螺钉，改变进气孔的大小，就可以调节延时时间的长短。线圈断电后复位弹簧使橡皮膜上升，空气从单向排气孔迅速排出，不产生延时作用。时间继电器的符号如图 7.3.3 所示。

这类时间继电器称为通电延时式继电器，它有两对通电延时触点，一对是动合触点，一对是动断触点，此外还装设一个具有两对瞬时动作触点的微动开关。该空气式时间继电器经过适当改装后，还可成为断电延时式继电器，即通电时它的触点瞬时动作，而断电时要经过一段时间它的触点才复位。

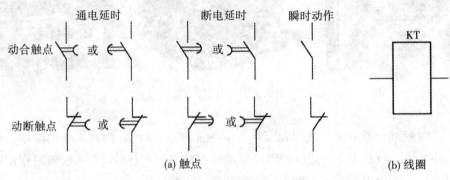

图 7.3.3　时间继电器线圈及触点的图形符号

7.3.2　中间继电器

中间继电器触头容量小，触点数目多，且没有主、辅之分。中间继电器主要在电路中起信号传递与转换作用，用它扩展触头可实现多路控制，并可将小功率的控制信号转换为大容量的触点动作。中间继电器外形及触点的图形符号如图 7.3.4 所示。中间继电器适用于交流 50Hz、电压 500V 及以下或直流电压 440V 及以下的控制电路中，触点额定电流为 5A。

选用中间继电器，主要依据控制电路的电压等级，同时还要考虑触点的数量、种类及容量应满足控制线路的要求。

7.3.3　行程开关

行程开关又称限位开关。行程开关的外形、结构原理图和图形符号如图 7.3.5 所示，其作用与按钮相同，广泛应用于各类机床和起重机械，用以控制其行程，进行终端限位保护。它是利用机械部件的位移来切换电路的自动电器。当运动部件到达一定行程或位置时采用行程开关来进行控制，如吊钩上升到达终点时，要求自动停止；龙门刨床的工作台要求在一定的范围内自动往返；在电梯的控制电路中，还利用行程开关来控制开关轿门的速度、自动开关门的限位，轿厢的上、下限位保护等。

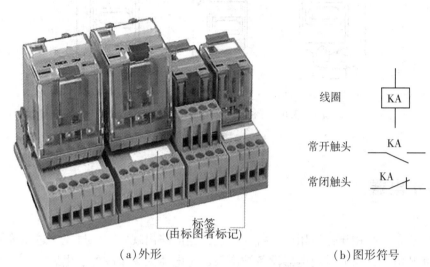

（a）外形　　　　　　　　　　（b）图形符号

图 7.3.4　中间继电器外形及触点的图形符号

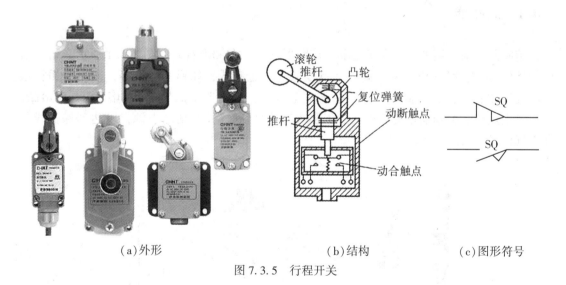

（a）外形　　　　　　　　（b）结构　　　　　　　（c）图形符号

图 7.3.5　行程开关

　　行程开关的结构和工作原理都与按钮相似，只不过按钮用手按，而行程开关用运动部件上的撞块（挡铁）来撞压。当撞块压着行程开关时，就像按下按钮一样，使其动断触点断开，动合触点闭合；而当撞块离开时，就如同手松开了按钮，靠弹簧作用使触点复位。行程开关有直线式、单滚轮式、双滚轮式等，如图 7.3.6 所示，其中双滚轮式行程开关无复位弹簧，不能自动复位，它需要两个方向的撞块来回撞压，才能复位。

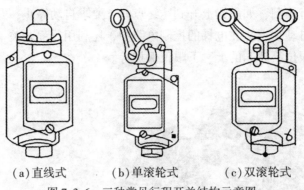

（a）直线式   （b）单滚轮式   （c）双滚轮式

图 7.3.6 三种常见行程开关结构示意图

7.4 保护电器

保护电器是一种用于保护用电设备的装置，当电路出现短路、过流、过压等异常情况时能立刻断开电源，从而避免电器设备被烧毁甚至电器火灾事故的发生。

7.4.1 熔断器

熔断器是最常用的短路保护电器，熔断器的外形和图形符号如图 7.4.1 所示。熔断器中的熔丝（或熔片）用电阻率较高且熔点较低的合金制成，如铅锡合金等；或用截面积很小的良导体制成，例如铜、银等。在正常工作时，熔断器中的熔丝（或熔片）不应熔断。一旦发生短路，熔断器中的熔丝（或熔片）应立即熔断，及时切断电源，以达到保护线路和电气设备的目的。

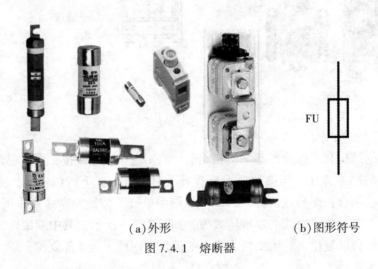

（a）外形   （b）图形符号

图 7.4.1 熔断器

熔断器一般由熔体及支持件组成，支持件底座与载熔体组合。由于熔断器的类型及结构不同，支持件的额定电流是配用熔片的最大额定电流。图7.4.2所示为三种常用的熔断器结构原理图。

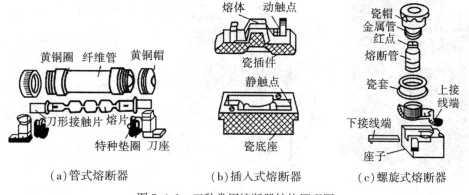

（a）管式熔断器　　　　（b）插入式熔断器　　　　（c）螺旋式熔断器

图7.4.2　三种常用熔断器结构原理图

在实际应用中，熔断器熔体的额定电流一般可粗略地按下式计算：

熔体额定电流＝（1.5～2.5）×待保护电器的额定电流之和

常用的熔体额定电流有 4A、6A、10A、15A、20A、25A、35A、60A、80A、100A、125A、160A、200A、225A、260A、300A、350A、430A、500A、600A 等。

熔断器的使用要求如下：

（1）熔体熔断后，在恢复前应检查熔断原因，并排除故障，然后再根据线路及负荷的大小和性质更换熔体或熔断管；

（2）磁插式熔断器因短路熔断时若发现触头烧坏，则再次投入前应修复，必要时应予以更换；

（3）更换熔体时停电操作，应使用专用绝缘柄操作。

7.4.2　热继电器

热继电器是用来保护电动机使之不过载的保护电器。它主要由发热元件、双金属片、触点及一套传动和调整机构组成，其外形、结构和图形符号如图7.4.3所示。

热继电器利用膨胀系数不同的双金属片遇热后弯曲变形去推动触点，从而断开控制电路。工作原理如图7.4.4所示，发热元件接入电机主电路，若长时间过载，双金属片被加热，又由于双金属片的下层膨胀系数大，使其向上弯曲，杠杆被弹簧拉回，常闭触头断开。

由于热惯性的作用，使得热继电器不能作短路保护，这是因为发生短路时，电路必须立即断开，而热继电器又不能立即动作。但是这个"热惯性"也是合乎要求的，在电动机启动或短时过载时，热继电器不会动作，这可避免电动机的不必要停车。

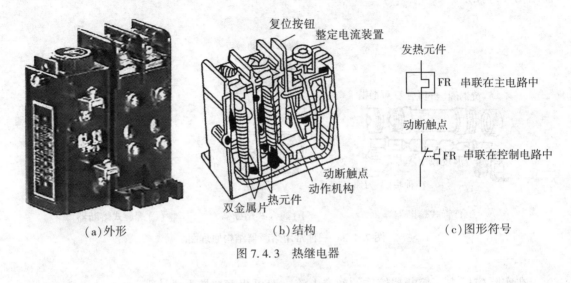

（a）外形　　　　　（b）结构　　　　　（c）图形符号

图 7.4.3　热继电器

图 7.4.4　热继电器工作原理图

具有反接制动及通断频繁的电动机，不宜采用热继电器保护。若热继电器动作后，则应在排除故障后手动复位。

常用的热继电器有 IRO、JRO 及 JR16 等系列。热继电器的主要技术数据是整定电流（整定值）。所谓整定电流，就是热元件中通过的电流超过此值的 20% 时，热继电器应当在 20min 内动作。如 JR10-10 型热继电器的整定电流从 0.6A 到 40A，有 9 个等级。根据整定电流选用热继电器，整定电流与电动机的额定电流基本一致。

7.4.3　技能训练　继电器的应用

用实验箱+5V 电源、5V 继电器、常开按钮、常闭按钮、电阻、发光二极管，在实验箱上安装一个可对 2 只发光二极管的亮、灭控制的电路。参考电路如图 7.4.5 所示。

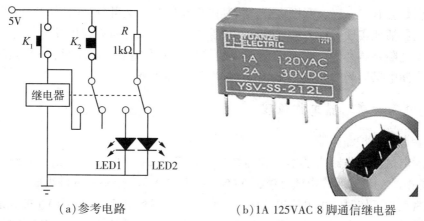

（a）参考电路   （b）1A 125VAC 8 脚通信继电器

图 7.4.5   技能训练参考电路和元件

7.5   漏电保护断路器

由于人们对各种电器的使用、管理和保护措施不当而发生的人身触电伤亡、烧毁电器和电气火灾的事例时有发生，给人民生命和财产带来巨大的损失。在办公场所、家庭装修中，正确选用和安装漏电断路器是保障人身和电器安全的主要措施之一。

漏电保护断路器通常被称为漏电保护开关或漏电保护器，是为了防止低压电网中人身触电或漏电造成火灾等事故而研制的一种新型电器。它除了有断路器的作用外，还能在设备漏电或人身触电时迅速断开电路，保护人身和设备的安全，因而使用十分广泛。图7.5.1 所示为小型漏电保护断路器的外形图。

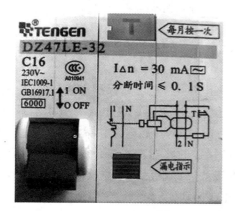

图 7.5.1   小型漏电保护断路器外形图

漏电保护断路器按工作原理分为电压动作型和电流动作型两类，电压动作型因性能差已趋于淘汰，故最常用的为电流动作型（剩余电流动作保护器）。按电源分有单相和三相之分；按极数分有二、三、四极之分；按其内部动作结构又可分为电磁式和电子式，其中电子式可以灵活地实现各种要求并具有各种保护性能，现已向集成化方向发展。目前，电器生产厂家把断路器和漏电保护器制成模块结构，根据需要可以方便地把两者组合在一起，构成带漏电保护的断路器，其电气保护性能更加优越。

1. 漏电保护断路器工作原理

1) 三相漏电保护断路器

三相漏电保护断路器的基本原理与结构如图 7.5.2(a) 所示，它由主回路断路器 QF（含跳闸脱扣器 YR）和零序电流互感器 TAN、放大器 AV 三个主要部件组成。

当电路正常工作时，主电路电流的相量和为零，零序电流互感器 TAN 的铁芯无磁通，其二次绕组没有感应电压输出，开关保持闭合状态。当被保护的电路中有漏电或有人触电时，漏电电流通过大地回到变压器中性点，从而使三相电流的相量和不等于零，零序电流互感器的二次绕组中就产生生感应电流，当该电流达到一定的数值并经放大器 AV 放大后就可以使自由脱扣机构 YR 动作，使断路器在很短的时间内动作而切断电路。

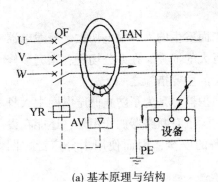

(a) 基本原理与结构　　　　　　(b) 漏电保护与接零保护共用时的正确接法

TAN—零序电流互感器；AV—电子放大器；

QF—断路器；YR—自由脱扣机构；K—试验按钮

图 7.5.2　三相漏电保护断路器的工作原理示意图

在三相五线制配电系统中，零线一分为二，即工作零线(N)和保护零线(PE)。工作零线与相线一同穿过漏电保护断路器的互感器铁芯，通过单相回路电流和三相不平衡电流。工作零线末端和中端均不可重复接地。保护零线只作为短路电流和漏电电流的主要回路，与所有设备的接零保护线相接，不能经过漏电保护断路器，末端必须进行重复接地。图 7.5.2(b)为漏电保护与接零保护共用时的正确接法。漏电保护断路器必须正确安装接线。错误的安装接线可能导致漏电保护器的误动作或拒动作。

2) 单相电子式漏电保护断路器

家用单相电子式漏电保护器的工作原理如图 7.5.3 所示。其主要工作原理为：当被保护电路或设备出现漏电故障或有人触电时，有部分相线电流经过人体或设备直接流入地线而不经零线返回，此电流称为漏电电流(或剩余电流)，它由漏电电流检测电路取样后进行放大，在其值达到漏电保护器的预设值时，将驱动控制电路开关动作，迅速断开被保护电路的供电，从而达到防止漏电或触电事故发生的目的。而若电路无漏电或当漏电电流小于预设值时，电路的控制开关将不动作，即漏电保护器不动作，系统正常供电。

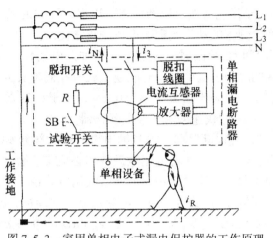

图 7.5.3 家用单相电子式漏电保护器的工作原理

漏电保护断路器的主要型号有 DZ5-20L、DZL5L、DZL-16、DZLL8-20、DZ47LE 等，其中 DZLL8-20 型由于放大器采用了集成电路，因而其体积更小、动作更灵敏、工作更可靠。

2. 漏电保护断路器的选用

要使漏电断路器能安全、有效地保障人身和用电设备的安全，需要从以下几个主要方面来选择和考虑。

(1) 额定电流 I_n：指能够持续流过漏电断路器的最大负载电流。目前，市场上常见的漏电断路器额定电流 I_n 的规格有 6A、10A、16A、20A、25A、32A、40A、63A、100A 等多种规格。那么，如何选择合适的漏电断路器额定电流呢？若在家庭总开关处安装漏电断路器，这就需要根据用户家中各种电气设备的功率之和 P 来计算确定，即 $I = P/220$。如某一家庭用电设备的功率总和为 5kW，则 $I = 5000/220 = 22.7(A)$。算出负载电流 I 后，再选择额定电流 I_n 比计算电流略大一点的漏电断路器，故应选定额定电流为 25A 的漏电断路器。如果只需要保护某个电器设备，如电热水器，则根据所保护的电器设备的额定电流 I_e 选择漏电断路器的额定电流。这样，在正常情况下，不至于漏电断路器因过负荷经常动作而影响电器正常使用。

(2) 额定漏电动作电流 $I_{\Delta n}$：指漏电断路器在规定的工作条件下必须动作的漏电电流值，这是漏电断路器一个重要的参数。漏电断路器漏电动作电流的规格主要有 5mA、10mA、15mA、20mA、30mA、50mA、75mA、100mA 等几种，其中小于或等于 30mA 的属于高灵敏度型，漏电动作电流值在 50mA 及以上的低灵敏度型漏电断路器不能用作家用漏电保护。家用漏电保护应选择漏电动作电流为 30mA 以下的高灵敏度型的漏电保护断路器。潮湿场所以及可能受到雨淋或充满水蒸气的地方，如厨房、浴室、卫生间等，由于这些场所危险大，所以适合在相应支路上装漏电动作电流较小（如 10~15mA）并能在 0.1s 内动作的漏电保护断路器。一些家用小电器常常没有接零保护，室内单相插座往往没有保护零线插孔，在室内电源进线上接入 15~30mA 的漏电保护断路器可以起到安全保护作用，15mA 以下不动作。漏电动作电流选得越低，越可以提高开关的灵敏度，但过小的漏电动作电流容易让断路器产生频繁的动作而影响设备的正常使用。

（3）额定漏电分断时间 t：分断时间是从突然施加漏电动作电流开始到被保护的电路或设备完全被切断电源的时间。漏电分断时间越短就对我们越安全。单相漏电断路器的额定漏电分断时间主要有小于或等于 0.1s、小于 0.15s、小于 0.2s 等几种，家庭中应选用漏电分断时间小于或等于 0.1s 的快速型家用漏电断路器。

（4）根据保护对象选用漏电断路器。人身触电事故绝大部分发生在用电设备上，用电设备是触电保护的重点，但并不是所有的用电设备都必须安装漏电断路器，应有选择地对那些危险较大的设备使用漏电断路器保护，如携带式用电设备、各种电动工具以及潮湿多水或充满蒸汽环境内的用电设备（如洗衣机、电热水器、空调机、冰箱、电炊具等）。

（5）根据工作电压选择。家庭生活用电为 220V/50Hz 的单相交流电，故应选用额定电压为 220V/50Hz 的单相漏电断路器，如单极二线或二极产品。家庭一般选用二极（2P）漏电断路器作总电源保护，用单极（1P）做分支保护。

3. 漏电断路器的安装

合理地选用漏电断路器之后，还需正确安装，才能更好地保障人身和设备的安全。对于家用电器较多的家庭，漏电断路器最好安装在进户总线电能表后。如果只是保护某个电器设备，则只需要安装在该电器所在支路中。安装方法和注意事项如下：

（1）在漏电断路器安装前，应检查产品合格证、认证标志、试验装置，发现异常情况必须停止安装，同时还应检查漏电断路器铭牌上的数据与使用要求是否一致。

（2）漏电断路器标有电源侧和负荷侧（或进线和出线）的，接线安装时必须加以区别，不能接反，否则会烧毁脱扣器线圈。在安装时，标有 L 的端必须接相线，标有 N 的端必须接零线，相线和零线均要经过漏电断路器，电源进线必须接在漏电断路器的正上方，即外壳上标注的"电源"或"进线"的一端，出线接在漏电断路器的正下方，即外壳上标注的"负荷"或"出线"的一端。

（3）单极二线漏电断路器在安装接线时相线、零线必须接正确，相线 L 一定要进开关 K，切不可将 L 线和 N 线接错，否则在发生漏电流和需要断开电源时，漏电断路器无法正常断开电源，从而引起更为严重的触电事故。

（4）漏电断路器额定电压必须和供电回路的额定电压相一致，否则会破坏漏电断路器的性能甚至可能出现漏电断路器拒动。

（5）漏电断路器安装好后，在投入使用之前，要先操作试验按钮，检查漏电断路器的动作功能。注意按下按钮时间不要太长，以免烧坏漏电断路器。试验正常后即可投入使用。

4. 漏电断路器使用的注意事项

经过合理选择和正确安装后，在日常使用时还应注意以下几点，才能确保漏电断路器安全可靠地运行。

（1）注意工作中漏电断路器的外观，如发现变形、变色，就要立即断电检查原因并及时试验和维修或更换。除了漏电断路器本身质量问题之外，接线端子的接线松动也会造成触头过热导致变形、变色。

（2）漏电断路器不是绝对能保证安全的，当人体同时触及负载侧带电的相线和零线时，人体便成了电源的负载，此时漏电断路器不会提供安全保护；又如当人体同时触及负载侧断开的相线和零线两端时，人体实际上成为一个串接在该回路中的电阻，此时漏电断路器也不会动作，从而会发生人体触电事故。

（3）漏电断路器长期使用时，它本身出故障的可能性也是存在的。因此，在通电状态下，每月须按动试验按钮一两次，检查漏电保护开关动作是否正常、可靠，尤其在雷雨季节应增加试验次数，并做好检查记录。在操作漏电断路器的试验按钮时时间不能太长，一般以点动为宜，次数也不能太多，以免烧毁内部元件。如果发现漏电断路器不能正常动作，就应及时找专业人士维修或更换。要注意，有的漏电断路器在动作后需要手动复位之后才能重新送上电。

（4）漏电断路器在使用中发生跳闸：经检查未发现开关动作原因时，允许试送电一次，如果再次跳闸，应查明原因，找出故障，不得连续强行送电。

（5）漏电断路器只能作为电气安全防护系统中的附加保护措施。安装漏电断路器后，原有的保护接地或保护接零不能撤掉。安装时应注意区分线路的工作零线和保护零线。工作零线应接入漏电断路器，并应穿过漏电断路器的零序电流互感器。经过漏电断路器的工作零线不得作为保护零线，不得重复接地或接设备的外壳，线路的保护零线不得接入漏电断路器。

（6）不得将漏电断路器当作闸刀使用。漏电保护断路器的保护范围应是独立回路，不能与其他线路有电气上的连接。一只漏电保护断路器容量不够时，不能两只并联使用，而是应选用容量符合要求的漏电保护断路器。

习　　题

7.1　何谓动合触点和动断触点？如何区分按钮和交流接触器的动合触点和动断触点？

7.2　一个按钮的动合触点和动断触点有可能同时闭合和同时断开吗？

7.3　为什么热继电器不能作短路保护？

7.4　为什么熔断器都装在电源开关的下面而不装在电源开关的上面？

7.5　如果用一单刀开关来代替启动按钮，控制效果有何不同？

7.6　通电延时与断电延时有何区别？时间继电器的延时触点是如何动作的？

第8章 电动机及其控制电路的原理和测试

电动机也叫马达，是把电能转换成机械能的一种设备。电动机按耗用电能的种类不同，分为直流电动机和交流电动机。交流电动机按使用交流电的形式可分为单相交流电动机和三相交流电动机。交流电动机按其转子转速与旋转磁场转速的关系不同，分为同步电动机和异步电动机。本章将介绍三相异步电动机、单相异步电动机和直流电动机。首先以三相鼠笼式异步电动机为例，扼要地介绍其基本结构，以及由于电磁感应作用和电磁力作用使电动机旋转的工作原理；然后进一步从使用观点出发，讨论三相鼠笼式异步电动机的额定值、启动、反转、调速及其控制电路；最后通过技能训练，对三相异步电动机进行测试，并对单相异步电动机、直流电动机的基本结构和工作原理作简要的介绍。

8.1 三相异步电动机

三相异步电动机是采用三相交流电源(相位差120°)供电的一类电动机，外形和内部结构如图8.1.1所示，主要由两个基本部分组成：(1)静止部分——定子；(2)旋转部分——转子。由于三相异步电动机的转子与定子旋转磁场以相同的方向、不同的转速旋转，存在转差率，所以叫三相异步电动机。

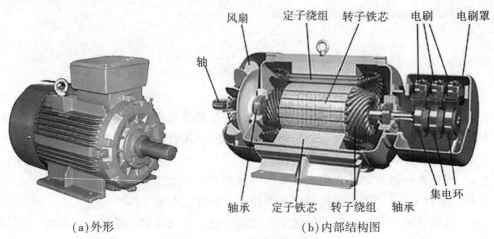

(a)外形   (b)内部结构图

图8.1.1 三相异步电动机

8.1.1 三相异步电动机的结构

三相异步电动机的定子主要由机座、定子铁芯和定子绕组构成。机座是用铸钢或铸铁制成的。定子铁芯是由绝缘的硅钢片叠成的，并装在机座的内壁上。在定子铁芯的内圆周上有均匀分布的槽，如图 8.1.2 所示。槽内放置定子绕组，定子绕组由绝缘导线绕制而成。三相异步电动机具有三组对称的定子绕组，称为三相定子绕组。

三相定子绕组一般有六个出线端。为了能在机座外实现与三相电源的连接，以及三相定子绕组之间星形或三角形的不同接法，把它的六个出线端都引在机座外侧的接线盒中的接线板上，如图 8.1.3 所示。板上接线端子分为上下两排，其中一排 D_1、D_2 和 D_3，在机内分别与三相定子绕组的各首端连接；另一排 D_4、D_5 和 D_6，在机内分别与三相定子绕组的各末端连接，而每相的首端与邻相的末端依次上下排列。这样，可以在接线板上方便地把三相定子绕组连接成三角形或星形，使电动机能在两种不同线电压的电网上工作。

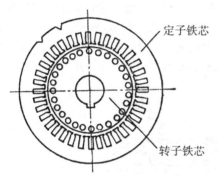

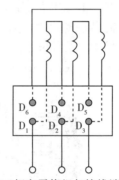

图 8.1.2　定子和转子的铁芯图　　　图 8.1.3　三相定子绕组与接线端子间的连接

如果电网线电压等于电动机每相绕组的额定电压，那么三相定子绕组相应为三角形连接，如图 8.1.4(a)所示。如果电网线电压等于电动机每相绕组额定电压的 $\sqrt{3}$ 倍，那么三相定子绕组应为星形连接，如图 8.1.4(b)所示。

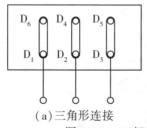

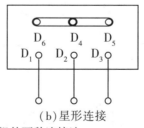

（a）三角形连接　　　　　　（b）星形连接
图 8.1.4　三相定子绕组的两种连接法

异步电动机的转子主要由转轴、转子铁芯和转子绕组构成。转子铁芯一般用硅钢片叠成圆柱形，固定在转轴上。铁芯外圆周上有均匀分布的槽，如图 8.1.2 所示，槽内放置转子绕组。异步电动机按转子结构的不同，可分为绕线式异步电动机和鼠笼式异步电动机，它们的区别如图 8.1.5 所示。本章以在生产和日常生活中应用最广泛的鼠笼式异步电动机作为讨论的重点。

（a）鼠笼式　　　　　　　　　（b）绕线式

图 8.1.5　三相异步电动机转子结构

　　鼠笼式转子绕组由嵌放在转子铁芯槽内的导电条组成。在转子铁芯的两端各有一个导电端环，分别把所有的导电条的两端都连接起来，形成短接的回路。如果去掉转子铁芯，只剩下它的转子绕组（包括导电条和端环），很像一个笼子，如图 8.1.6（a）所示，所以称为鼠笼式转子。

　　目前中小型鼠笼式电动机大都在转子槽中浇铸铝液铸成鼠笼，它的端环也用铝液同时铸成，并且在端环上铸出许多叶片作为冷却用的风扇，如图 8.1.6（b）所示。这样，不但可简化制造工艺和以铝代铜，而且可以采用各种特殊形状的转子槽形和斜槽结构（即转子槽不与轴线平行而是歪扭一个角度），从而能改善电动机的启动性能和减小运行时的噪音等。

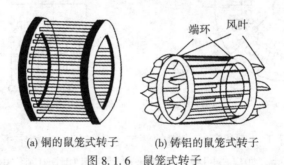

(a) 铜的鼠笼式转子　　(b) 铸铝的鼠笼式转子

图 8.1.6　鼠笼式转子

　　此外，还有防护用的端盖和轴承盖、支撑转子转动的轴承、冷却用的风扇以及安全用的罩壳等。图 8.1.7 所示为鼠笼式异步电动机的拆散形状。

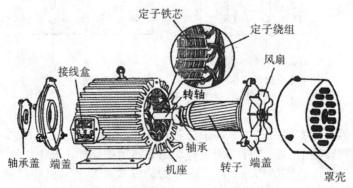

图 8.1.7　鼠笼式异步电动机的拆散形状

8.1.2 三相异步电动机的基本工作原理

以最简单的一对磁极数三相异步电动机为例，工作原理如图 8.1.8 所示。当三相定子绕组接三相电源时，三相绕组内将通过三相电流，并在电机内建立旋转磁场，可用图中一对旋转磁铁 N 和 S 的模型来表示旋转磁场，设转向为顺时针方向，一个电流周期旋转磁场在空间转过 360°，电流频率为 f，极对数为 p，则其旋转磁场的转速（称为同步转速）n_1 可表示为

$$n_1 = \frac{60f}{p}(转／分) \tag{8-1-1}$$

在旋转磁场的作用下，转子导体将切割磁通而产生感应电动势。又因为鼠笼式转子绕组是短路的，所以在感应电动势的作用下产生感应电流，即转子电流。也就是说，异步电动机的转子电流是由电磁感应而产生的。所以异步电动机又称为感应电动机。

根据电磁力定律（安培定律），电流与磁场相互作用而产生电磁力 F，其方向可按左手定则决定。从图 8.1.8 可见，各转子导体所受的电磁力，对于转子转轴形成电磁转矩 M，其转矩方向与旋转磁场的转向一致。转子便在这电磁转矩的作用下旋转起来，并保持一定的转速稳定运行。显然，转子的旋转方向与旋转磁场的转向一致。

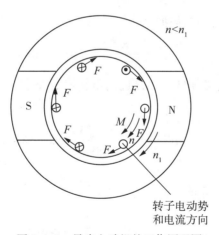

图 8.1.8　异步电动机的工作原理图

从上面的讨论中可以看出异步电动机的作用：从电源输入电能给定子，建立旋转磁场，并以旋转磁场为媒介，通过电磁感应的形式，把电能传递给转子；转子再把从旋转磁场取得的能量，通过电磁力的作用，把电能变换成机械能，于是电动机便拖动生产机械（例如泵、鼓风机、机床等）旋转而做功，输出机械能。

但是，异步电动机转子的转速 n 必定低于同步转速 n_1。这是因为如果转子转速达到同步转速，则转子与旋转磁场之间就没有相对运动，转子导体将不切割磁通，于是转子导体中不产生感应电动势，转子电流和电磁转矩都将不再存在，所以电动机转子不可能维持

在同步转速运行。由此可见，异步电动机的转子转速只有在低于同步转速的情况下，才能产生电磁转矩来维护它的稳定运行。这就是说，转子转速异于旋转磁场的同步转速是保证转子产生电磁感应的必要因素，故称为异步电动机。

异步电动机的转子转速 n 与旋转磁场的同步转速 n_1 之差是保证异步电动机工作的必要因素，所以必须掌握这两个转速之差的概念，这在分析异步电动机的运行情况时有着很重要的意义。为此，将这两个转速之差称为转差，也称滑差。

$$\Delta n = n_1 - n \tag{8-1-2}$$

式中，n_1 为旋转磁场的转速（即同步转速）；n 为电动机转子的转速。而把转差与同步转速的比值称为转差率，也称滑差率。

$$s = \frac{\Delta n}{n_1} = \frac{n_1 - n}{n_1} \tag{8-1-3}$$

当转子不动时，$n = 0$，则转差率 $s = 1$。当理想空载时，转子转速与同步转速相等，$n = n_1$，则转差率 $s = 0$。所以，异步电动机的转差率在 $0 \sim 1$ 的范围内，即 $0 < s \leqslant 1$。s 有时也用百分数表示。转子转速越接近同步转速，转差率越小。对于一般常用的异步电动机，在额定负载时的额定转速 n_n 很接近同步转速，那么它的额定转差率 s_n 很小，为 $0.01 \sim 0.07$。

【例 8-1-1】 一台八极异步电动机的额定转速 $n_n = 730 \text{r/min}$，电流频率 $f = 50 \text{Hz}$。问其额定转差率 s_n 为多少？

解：八极异步电动机的同步转速

$$n_1 = \frac{60f}{p} = \frac{60 \times 50}{4} = 750 (\text{r/min})$$

满足异步电动机的额定转速必须低于和接近同步转速的要求，所以它的额定转差率为（用百分数表示）

$$s_n = \frac{n_1 - n}{n_1} \times 100\% = \frac{750 - 730}{750} \times 100\% = 2.67\%$$

8.1.3　异步电动机的额定值

电机制造厂按照国家标准，根据电机的设计和试验数据而规定的每台电机的正常运行状态和条件，称为电机的额定运行情况。表征电机额定运行情况的各种数值如电压、电流、功率、转速等称为电机的额定值。额定值一般标记在电机的铭牌或产品说明书上，常用下标"n"表示。图 8.1.9 所示是某异步电动机的铭牌，其型号显示为"Y160L-4"，其中，"Y"表示异步电动机，"160"表示机座中心高度（160mm），"L"表示长机座，"4"表示磁极数等于 4（即极对数 $p = 2$）。

铭牌上的主要额定数据还包括：

（1）额定功率 P_n：在额定运行情况下，电动机轴上所输出的机械功率为电动机的额定功率，单位为瓦（W）或千瓦（kW）。此例中，$P_n = 15 \text{kW}$。

```
                    ××××电机厂
                                    编号××××
                  三相交流鼠笼电动机
   型    号  Y160L-4    电   压  380V    接    法   △
   功    率  15kW       电   流  30.3A   定    额   连续
   转    速  1460r/min  功率因数  0.85
   频    率  50Hz       绝缘等级  B
                                    出厂年月   ×年×月
```

图 8.1.9 某异步电动机的铭牌

（2）额定电压 U_n：电动机在额定运行情况下的线电压为电动机的额定电压，单位为伏（V）或千伏（kV）。目前常用的 Y 系列中小型异步电动机，额定功率在 3kW 及以下的，其额定电压为 380/220V，相应为 Y/△接法。这就是说，当电源线电压为 380V 时，电动机的定子绕组应接成星形，而当线电压为 220V 时，应接成三角形。额定功率在 4kW 以上的，其额定电压为 380V，相应为三角形接法。此例中，$U_n = 380V$。

（3）额定频率 f_n：电动机在额定运行情况下的交流电源频率为电动机的额定频率。我国发电厂所生产的交流电频率为 50Hz。

（4）额定电流 I_n：电动机在额定运行情况下的线电流为电动机的额定电流，也称满载电流，单位为安（A）。如三相定子绕组可有两种接法时，就标有两种相应的额定电流值。此例中，$I_n = 30.3A$。

（5）额定转速 n_n：电动机在额定运行情况下的转速为电动机的额定转速，也称满载转速，以每分钟的转数计，单位为 r/min。此例中，$n_n = 1460r/min$。

（6）额定功率因数 $\cos\varphi_n$：电动机在额定运行情况下的定子电路功率因数为电动机的额定功率因数，为 0.70~0.90。此例中，$\cos\varphi_n = 0.85$。

（7）额定效率 η_n：电动机在额定运行情况下的效率为电动机的额定效率。它一般不标在铭牌上，但可根据下式算出：

$$\eta_n = \frac{P_n}{\sqrt{3}U_n I_n \cos\varphi_n} \times 100\% \tag{8-1-3}$$

一般 η_n 为 75%~92%。此例中，$\eta_n = 87.54\%$。

（8）定额：电动机的运行情况，根据发热条件可分为三种基本方式：连续运行、短时运行和断续运行。

8.1.4 异步电动机的使用

异步电动机的使用，除了正确地连接三相定子绕组外，主要包括启动、反转和调速等几方面。控制异步电动机使用的系统，也称继电器—接触器控制系统，由主回路和控制回路两部分组成。其中，主回路是由电动机以及与电动机相连接的电器、连线等组成的电路；控制回路是由操作按钮、电器等组成的电路。实际就是通过控制回路，来实现对主回路上电机的控制。

1. 异步电动机的直接启动及其控制电路

1）直接启动法

直接启动法是中小型鼠笼式异步电动机常用的启动方法。启动时把电动机的定子绕组直接接入电网，加上额定电压。这种启动方法的主要优点是简单、方便、经济和启动快，它的主要缺点是启动电流对电网电压的影响较大。但这影响将随着电源容量的增大而减小，所以当电源容量相对于电动机的功率足够大时，应尽量采用此法启动。

要明确一台电动机是否允许直接启动，各地电业管理机构都有具体规定。例如某地区规定：用户如果没有独立变压器，即动力和照明共用同一电源变压器，则允许直接启动的电动机功率，是以当它启动时电网电压降不超过其额定电压的 5% 为原则。用户如有独立变压器，而电动机又不经常启动的，则它的允许功率不应超过变压器容量的 30%；如电动机启动频繁，则它的允许功率不应超过变压器容量的 20%。

2）三相异步电动机的直接启动控制电路

三相异步电动机的直接启动控制电路原理图，如图 8.1.10 所示。

图中各电器一般不表示出它的空间位置，甚至可以把一个电器的几个元件不画在一起。例如图 8.1.10 中的接触器 C，它的主触头画在主电路中，而吸引线圈和辅助触头被分散地画在辅助电路的恰当位置上，但必须用一文字符号标志，标志出这些元件是属于同一电器的。

在图 8.1.10 所示的电路中，当启动电动机时，先合上电源开关 DK，掀下启动按钮 QA，接触器 C 吸引线圈通电，三对常开主触头 C 吸合，电动机 D 被接通电源，就直接动起来。同时，在控制电路中与启动按钮并联的接触器辅助常开触头 C 也闭合。这样一来，当手松开启动按钮后，虽然按钮的常开触头已返回原来断开的位置，但接触器 C 的吸引圈仍可通过它自己已闭合的辅助常开触头而保持通电的工作状态。因此，我们说这个辅助触头起了"自锁"或"自保"的作用，所以称为自锁触头或自保触头。

要使电动机停止运转，只要掀下停止按钮 TA，接触器 C 的吸引圈断电，它的三对常开主触头全部复位断开，电动机便脱离电源而停止运转。同时自锁触头 C 也断开，失去自锁作用。

图 8.1.10 中的闸刀开关 DK 作为隔离开关用，当电动机或控制电路进行检查或维修时，用它来隔离电源，确保操作安全。

图中熔断器 RD 串联在主电路中，作短路保护用。

如果电动机在运行过程中，由于种种原因，使电流超过电动机的额定值，并经过一定的时间后，热继电器 RJ 串接在主电路中的发热元件发出超过正常的热量，通过双金属片的弯曲，使其常闭触头断开。于是接触器 C 的吸引线圈断电，它的常开主触头断开。电动机 D 便脱离电源，达到了过载保护的目的。

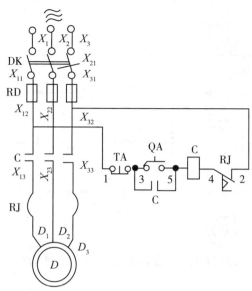

图 8.1.10　异步电动机的直接启动控制电路

当电动机运行时,可能由于种种原因(不是由于电动机本身的事故),引起停电故障,或者使电源电压降低到额定电压的 85% 以下,此时,接触器吸引线圈所产生的磁通消失或大大地减小,致使动铁芯不能被吸牢而释放,接触器所有的常开主触头和常开辅助触头全部断开,使电动机脱离电源而停车,并失去自锁。

当电源电压恢复后,该电动机不可能自行启动,只有经操作人员重新按下启动按钮 QA,电动机才重新启动运行。这就可以防止电动机因电源电压的恢复而自行启动,也就可以避免因操作人员缺乏准备而造成的机械损坏,并保证人身的安全。

所以,凡带有自锁环节的电路,本身就具备了这种保护作用。这个作用,称为欠压(或失压)保护作用。

也有专门制造的欠压继电器供欠压保护之用。

2. 直接启动的三相异步电动机的正反转控制电路

在电力拖动中,常常需要改变三相异步电动机的旋转方向,即反转。异步电动机的旋转方向是与旋转磁场的旋转方向一致的,而旋转磁场的旋转方向又取决于三相电流的相序。因此要改变电动机的旋转方向只需改变三相电流通入电动机的相序。只要把电动机接到电源去的三根导线中的任意两根对调一下,电动机便反转。

图 8.1.11 所示为三相鼠笼式电动机具有短路过载保护的正反转直接启动控制电路。它比图 8.1.10 的控制电路多一个接触器的按钮元件。在原理图中,凡有两个或两个以上的同类电器时,在这些同类电器的文字符号前编上数字号码以资区别。如图 8.1.11 中的两个接触器,可以 1C 和 2C 表示。其中接触器 1C 的三对主触头,把三相电源和电动机按相序 A—B—C 连接,而另一个接触器 2C 的三对主触头,则把三相电源和电动机按相序 C—B—A 连接。

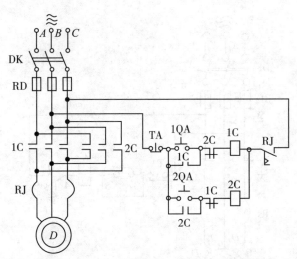

图 8.1.11　异步电动机的正反转控制电路

闭合开关 DK，掀下"正转"按钮 1QA，正转接触器 1C 的吸引线圈通电，主触头 1C 闭合，电动机 D 便按正转方向直接启动。同时，正转接触器 1C 的常开辅助触头闭合，实现自锁；而它串联在反转接触器 2C 的吸引线圈电路中的常闭辅助触头 1C 断开。

如要使电动机反转，先掀下"停止"按钮 TA，使正转接触器 1C 的吸引线圈断电，它的触头全部恢复正常位置，电动机停止运转。然后再掀下"反转"按钮 2QA，反转接触器 2C 的吸引线圈通电，主触头 2C 闭合，电动机便按反转方向直接启动。同时反转接触器 2C 的常开辅助触头闭合，实现自锁；而它串联在正转接触器 1C 的吸引线圈电路中的常闭触头 2C 断开。

从图 8.1.11 所示的电路中可以看出，如果两个接触器 1C 和 2C 的六对主触头同时都闭合，将造成 AC 相的直接短路事故，这是绝不允许的。为了避免这种事故，就要使这两个接触器的六对主触头不能同时闭合，也就是使这两个接触器的吸引线圈不能同时有电。因此，在图 8.1.11 中，利用各个接触器的常闭辅助触头互相串联在对方的吸引线圈电路中，可以达到此目的。

如图 8.1.11 所示，当正转接触器 1C 的吸引线圈通电时，它串联在反转接触器 2C 的吸引线圈电路中的常闭触头 1C 断开，这就断开了反转接触器 2C 的吸引线圈电路；此时即使掀下反转按钮 2QA，反转接触器 2C 也不可能通电，于是保证不会发生电源的短路事故。同理，如果在反转接触器 2C 通电的情况下，则正转接触器 1C 便不可能通电。这样的保护称为联锁保护。

3. 异步电动机的调速

所谓调速，就是指在电动机负载不变的情况下，用人为的方法改变它的转速。

根据转差率的定义，异步电动机的转速为

$$n = (1 - s)n_1 = (1 - s)\frac{60f}{p} \tag{8-1-4}$$

所以，要调节转速 n，可以采用改变电源频率或定子绕组的磁极对数的方法来实现。目前，生产上广泛采用变频器，通过改变输入电动机的电源频率的方式，达到调节转速 n 的目的。变频器可以连续调节异步电动机的转速，属无级调速。

8.1.5 技能训练 三相异步电动机的使用

（1）查看三相异步电动机铭牌数据，计算出电动机转子的同步转速 n_1、额定转差率 S_n、额定效率 η_n；
（2）实现三相定子绕组的两种连接法（三角形连接和星形连接），并观察两种连接下的转速；
（3）实现三相异步电动机的正转和反转。

【思考题】

三相异步电动机，若在启动前已有一相断线，它能否启动和运转？若在启动后发生一相断线，又将如何？

8.2 单相异步电动机

单相异步电动机是指采用单相交流电源供电的异步电动机，其具有结构简单、成本低廉、噪声小、对无线电系统干扰小等优点，因而常用在功率不大的家用电器和小型动力机械中，一般均不会大于 2kW，如电风扇、洗衣机、电冰箱、空调、抽油烟机、电钻、医疗器械、小型风机和家用水泵等。其外形和内部结构如图 8.2.1 所示。一般单相异步电动机的定子为单相绕组，转子为鼠笼式绕组。

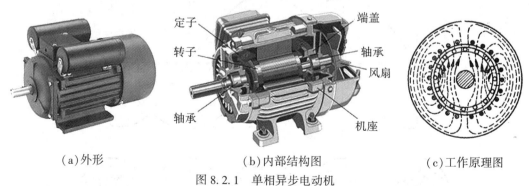

（a）外形　　　　　　（b）内部结构图　　　　　（c）工作原理图

图 8.2.1　单相异步电动机

当单相交流电通过定子绕组时，产生一个位置固定、大小随时间做正弦变化的脉动磁场，如图 8.2.1（c）所示。这个脉动磁场同样在转子上产生感应电流，并驱动转子达到稳定运行。

单相异步电动机没有启动转动矩，$T_{st}=0$，所以不能自行启动。为了使单相异步电动

197

机能自行启动，应设法使转子能够产生一定的启动转矩。目前常用的方法有裂相法和罩极法。

用裂相法启动的单相异步电动机，在定子上除装有工作绕组 ω 外，还有启动绕组 s，这两个绕组互差 $90°$ 角。启动绕组和电容器 C 串联后，与工作绕组并联接入电源，如图 8.2.2 所示。电容器的作用是将启动绕组电路变为电容性电路，使电流 i_2 超前于电源电压 u，而通过工作绕组的电流 i_1 滞后于电源电压 u。如果电容器的容量选择适当，可以使 i_1 和 i_2 之间具有接近 $90°$ 的相位差。也就是说，电容器的作用是把单相交流电分裂成两相交流电，分别加在工作绕组上和启动绕组上，因此从工作原理上来看，单相电动机实质上相当于一台两相异步电动机。

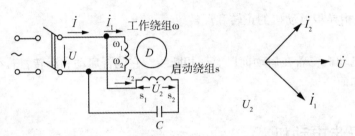

图 8.2.2 单相电容电动机的裂相原理

当具有 $90°$ 相位差的两个电流 i_1 和 i_2 通过相差 $90°$ 的两相绕组时，它们所产生的合成磁场也是一个旋转磁场，如图 8.2.3 所示。在这个旋转磁场的作用下，鼠笼式转子就产生启动转矩而自行启动，这种电动机称为单相电容式电动机。

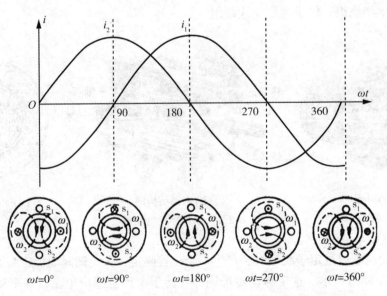

图 8.2.3 两相绕组中通入两相电流所产生的旋转磁场

从对图8.2.3的分析也可以看出，电动机的旋转方向取决于通入两相绕组的电流i_1和i_2的相序。图8.2.3所示为i_2超前于i_1，电动机按顺时针方向旋转。反之，则按逆时针方向旋转。

当电动机启动后，启动绕组和电容器可以继续接在电路中工作，如图8.2.2所示。也可利用离心开关的作用把它们从电路中断开。离心开关K装在转轴上，但它在电路中是与启动绕组和电容器相串联的，如图8.2.4所示。在启动和低速时，离心开关借助弹簧的作用保持闭合状态；启动后高速运转时，由于离心力的作用而自动断开，电动机就只有工作绕组继续运行。

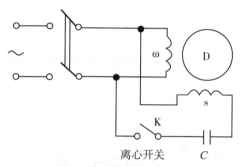

图8.2.4 单相异步电动机的线路图

用罩极法启动的单相异步电动机，称为罩极式单相异步电动机。在它的定子上有凸出的磁极，定子绕组就套装在这个磁极上；并在每个磁极表面上开有一个凹槽，将磁极表面分成大小两部分，在小的部分上再套一个短路铜环，如图8.2.5所示。当定子绕组通过交流电而产生脉动磁场时，由于短路铜环中感应电流的作用，使通过磁极表面的磁通分为两部分。这两部分磁通不但在数量上不相等，而且在相位上也不同相，被短路环罩着的这部分磁通滞后于另一部分的磁通。这两个在空间上不是同一位置，在时间上又有相位差的磁通，便形成了旋转磁场。在这个旋转磁场的作用下，鼠笼式转子就产生启动转矩而自行启动，它的旋转方向是由磁极的未罩部分向被罩部分的方向旋转，如图8.2.5中的箭头所示。这种电动机的优点是构造简单，但启动转矩较小，只适合用在风扇或小型鼓风机上。

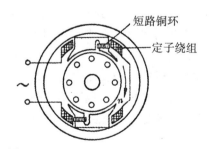

图8.2.5 罩极式电动机的结构示意图

8.3 直流电动机

直流电动机是将直流电能转换为机械能的电动机，因其具有优良的调速性能且启动转矩较大，广泛应用于对调速要求较高或者需要较大启动转矩的生产机械中。比如，轧钢机、电气机车、中大型龙门刨床、矿山竖井提升机以及起重设备等调速范围大的大型设备和汽车、拖拉机等用蓄电池做电源的场合。

8.3.1 直流电动机的构造

直流电动机也是由静止的定子和转动的转子两个基本部分组成的，直流电动机的结构如图 8.3.1 所示。

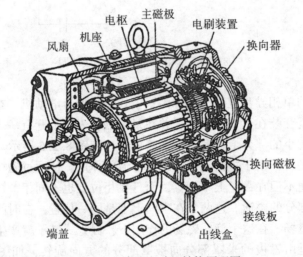

图 8.3.1 直流电动机结构原理图

图 8.3.2 和图 8.3.3 分别为直流电动机的剖面示意图和它的符号图。直流电动机的定子由主磁极、换向磁极、机座和电刷装置等主要部件组成。主磁极的作用是产生主磁场。它由主磁极铁芯和套在主磁极铁芯上的励磁绕组构成。换向磁极装在相邻的两主磁极之间，用来产生附加磁场。它由换向极铁芯和套在换向极铁芯上的换向极绕组构成。在符号图中一般可不画出。在小功率的直流电机中，也有不装换向磁极的。机座除了用来保护电机和固定主磁极、换向磁极外，它还是电机磁路的一部分，故也称磁轭。它由铸钢或钢板制成。

直流电动机的转子由电枢绕组、电枢铁芯、换向器和转轴、风扇等主要部件组成。电枢铁芯是电动机磁路的一部分，它由硅钢片叠压而成。在外圆上有均匀分布的槽，用来嵌入电枢绕组。电枢绕组由许多绕组元件构成，它们按一定的规则嵌入在电枢铁芯表面的槽

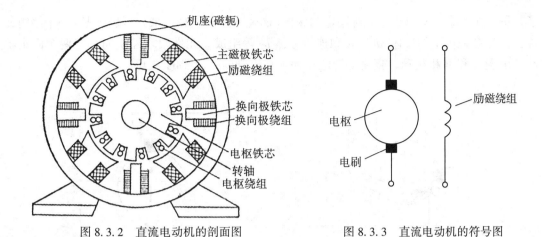

图 8.3.2　直流电动机的剖面图　　　　　图 8.3.3　直流电动机的符号图

里，并按一定的规则和换向器连接起来，使绕组本身连成一个回路。换向器是由许多换向片组成的一个整体，装在转子的一端。换向片之间相互绝缘，而每一换向片又按一定的规则与电枢绕组的绕组元件连接。转动的换向器与固定的电刷滑动接触，而使旋转的电枢绕组电路与静止的外电路相连接。电刷装置主要由电刷和刷架等零件构成，利用弹簧把电刷压在转子的换向器上，电刷数一般等于主磁极数，各同极性的电刷经软连线汇在一起后，再引到出线盒内的接线板上，作为转子电枢绕组的引出端。出线盒内除了有电枢绕组引出线的接线端子外，还有励磁绕组引出线的接线端子。端盖除了固定电刷装置外，还有保护电机和支持轴承的作用。

直流电动机按励磁方式分为永磁、他励和自励 3 类，其中自励又分为并励、串励和复励 3 种。直流电动机各种励磁方式的接线图如图 8.3.4 所示。

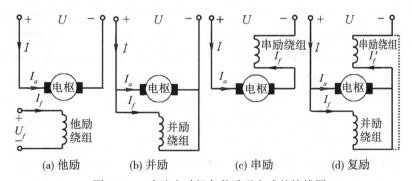

图 8.3.4　直流电动机各种励磁方式的接线图

8.3.2　直流电动机的工作原理

如从直流电动机的实际结构出发，来讨论它的工作原理，是比较复杂难懂的。现将复杂的结构抽象化，形成如图 8.3.5 所示的最简单的直流电动机模型，那就变得简单易懂了。图8.3.5中，N和S为一对固定的磁极(磁轭一般都不画出来)。转子只有一个绕组元件，由处在磁极下的导体 *ab*、*cd* 和连接导体 *bc* 等组成。元件两端经换向片与两个固定不动的电刷 *A* 和 *B* 相接触。直流电源电压便加在电刷的引出线的端子上。

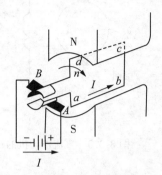
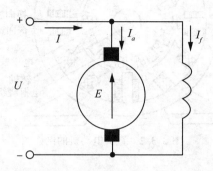

图 8.3.5　最简单的直流电动机模型　　　　图 8.3.6　直流电动机的工作原理图

　　设直流电源电压如图8.3.5所示加在电刷端上，电刷 *A* 接正极，而电刷 *B* 接负极。电流从直流电源正极流出，经电刷 *A* 流入绕组元件，再经电刷 *B* 流回电源负极。也就是说，绕组元件在S极下的导体 *ab* 中的电流方向为从 *a* 到 *b*，而在N极下的导体 *cd* 中的电流方向为从 *c* 到 *d*。载流导体 *ab* 和 *cd* 在磁场中受到电磁力的作用，受力的方向可按左手定则决定。显然，导体 *ab* 的受力方向向左，而导体 *cd* 的受力方向向右。这一对电磁力形成了作用于电枢的电磁转矩，这转矩的方向是顺时针方向，于是电枢就按顺时针方向旋转。

　　随着电枢的旋转，绕组元件的两个导体的位置将发生改变。设导体 *ab* 将进入N极下，而导体 *cd* 进入S极下。如果导体上的电流方向不变的话，则所产生的电磁转矩的方向将变为逆时针方向。因而电枢不能继续按原方向转动，也就是说无法正常工作。显然，要使电枢受到一个方向不变的电磁转矩，关键在于，当元件导体在不同极性的磁极下，元件导体中的电流方向是否能及时正确地改变过来，这就是所谓换向。例如在图8.3.5的模型中，要产生恒定的顺时针方向的电磁转矩，那就要求当元件导体 *ab* 从S极下进入N极下时，其中的电流方向及时地从原来的由 *a* 流向 *b* 变换为由 *b* 流向 *a*；同样地，当元件导体 *cd* 从N极下进入S极下时，电流方向及时地从原来的由 *c* 流向 *d* 变换为由 *d* 流向 *c*。换向片(或换向器)能起到及时地、自动地改变电流在绕组元件中的流向，保证了电磁转矩方向始终一致，直流电动机便按一定的方向连续旋转。这就是直流电动机的工作原理。

　　现在回到直流电动机的实际情况。以并励电动机为例，当直流电动机工作时，接上直流电源，如图8.3.6所示。在励磁绕组中将有励磁电流 I_f 通过，建立磁场，这磁场在空间固定不动，如图8.3.7所示，电枢绕组中将有电枢电流 I_a 通过，这电流经电刷和换向器的滑动接触而通入电枢绕组。由于换向器的作用，使各绕组元件导体中的电流都是向外的，凡处于S极下的导体电流都是向里的。载流导体在磁场中受到电磁力的作用，力的方向可按左手定则决定。在图8.3.7的情况下，所有的载流导体，不论在N极下面的，还是在S极下面的，它们所受到的电磁力对转轴产生的电磁转矩都是同一方向的，即为顺时针方向。

此时直流电动机产生的总电磁转矩 T 用下式表示：

$$T = C_T \Phi I_a \ (\text{N} \cdot \text{m}) \tag{8-3-1}$$

式中，C_T 是取决于电机构造的一个常数；Φ 是每个磁极下的总磁通，单位为韦伯（Wb）；I_a 是电枢电流，单位为安培（A）。

【例 8.3.1】 一台直流电动机，已知 $C_T = 25$，每极磁通 $\Phi = 0.05\text{Wb}$，试求当电枢电流 $I_a = 50\text{A}$ 时的电磁转矩 T。

解： 由式（8-3-1）得

$$T = C_T \Phi I_a = 25 \times 0.05 \times 50 = 62.5 (\text{N} \cdot \text{m})$$

直流电动机转子在电磁转矩的作用下，将带动机械负载而旋转，其旋转方向同磁转矩的方向一致，如图 8.3.7 所示为顺时针方向。这样，便将输入的直流电能转换为机械能而输出。

当直流电动机的转子在磁场中旋转时，电枢绕组的每根导体将切割磁力线而产生感应电动势 E，E 的方向可按右手定则决定，如图 8.3.8 所示。

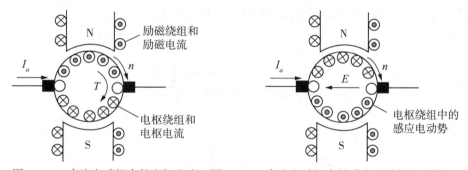

图 8.3.7 直流电动机中的电枢电流　图 8.3.8 直流电动机中的感应电动势电磁转矩和旋转方向

从图 8.3.7 可以看出，凡处于 N 极下的导体中的感应电动势方向都是向里的，凡处于 S 极下的感应电动势方向都是向外的。所以两电刷间的总电动势，就是任一磁极下各导体中的感应电动势的总和。这个电动势称为电枢电动势 E，由于它的方向与电枢电流相反，所以电枢电动势又称反电动势，如图 8.3.5 所示。它的大小可用下式表示：

$$E = C_E \Phi n (\text{V}) \tag{8-3-2}$$

式中，C_E 是取决于电动机结构的另一个常数；Φ 是每个磁极下的总磁通，单位为韦伯（Wb）；n 是电枢转速，单位为 r/min。

【例 8.3.2】 一台直流电动机，已知常数 $C_E = 3$，每极磁通 $\Phi = 0.05\text{Wb}$。试求当电枢转速 $n = 1400\text{r/min}$ 时的电枢电动势 E。

解： 由式（8-3-2）得

$$E = C_E \Phi n = 3 \times 0.05 \times 1400 = 210 (\text{V})$$

所以，当直流电动机工作时，根据基尔霍夫电压定律，电枢电路的电压平衡方程式为

$$U = E + R_a I_a \tag{8-3-3}$$

式中，R_a 为电枢电路的电阻。式（8-3-3）表示电源电压 U 被电枢电动势 E 和电枢电路的电

阻压降 $R_a I_a$ 两部分所平衡。

【例 8.3.3】例 8.3.2 中，若电源电压 $U=220$V，$E=210$V，又测得电枢电流 $I_a=50$A。试求该直流电动机的电枢电路的电阻 R_a。

解：由式(8-3-3)可得

$$R_a = \frac{U-E}{I_a} = \frac{220-210}{50} = 0.2(\Omega)$$

8.3.3　并励电动机的使用

直流电动机中的磁通是由励磁绕组中励磁电流产生的。由于励磁方式的不同，使得不同的直流电动机具有不同的特性。于是，直流电动机按励磁方式的不同可分为他励电动机、并励电动机、串励电动机、复励电动机、永磁式电动机。本节着重讨论并励电动机的使用。

图 8.3.9 所示为并励电动机的实用原理图，其中 R_{fc} 是串联接入励磁电路中的调节电阻，R_{ac}(或 R_{st})是串联接入电枢电路中的调节电阻(或启动电阻)。

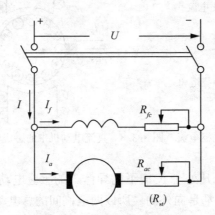

图 8.3.9　并励电动机的实用原理图

1. 并励电动机的启动

启动过程是指直流电动机接电源后，转速从零达到稳定转速的过程。启动的基本要求有：

(1)启动转矩足够大；

(2)启动电流限制在允许范围内；

(3)启动时间短，符合生产技术要求；

(4)启动设备简单、经济、安全、可靠。

并励电动机如果把电枢直接接入直流电源启动，由于电枢还没有转动，$n=0$，电枢电动势 $E=0$。所以直接启动电源(在忽略励磁电流的情况下)近似为

$$I_{std} = \frac{U}{R_a} \qquad (8\text{-}3\text{-}4)$$

由于 R_a 很小，故 I_{std} 很大，通常可达额定电流的 $10\sim20$ 倍。

如此大的直接启动电流将在换向器上产生强烈的火花而损坏换向器，同时使电动机及其拖动的生产机械受到极大的电和机械的冲击，因此必须设法减小启动电流。

从式(8-3-4)可以看出，降低电枢端电压或增加电枢电路电阻，都可以减小启动电流。对于采用公共直流电源供电的并励电动机，一般都采用后一种方法，即在电枢电路中串联启动电阻 R_{st} 进行启动。

为了不影响换向器的正常工作，通常将启动电流限制在额定电流的 $1.5\sim2.5$ 倍的范围内，即

$$I_{st} = \frac{U}{R_a + R_{st}} = (1.5 \sim 2.5)I_n \qquad (8\text{-}3\text{-}5)$$

为了使这不太大的启动电流，能产生尽可能大的启动转矩 $T_{st} = C_T \Phi I_{st}$，启动时应使磁通 Φ 最大，因此在励磁电路中的外加调节电阻 R_{fc} 应短接，使 $R_{fc} = 0$。

在启动过程中，把启动电阻 R_{st} 逐渐减小到零，同时并励电动机的转速随着上升，一直达到由该电动机的机械特性所决定的与负载转矩相应的转速稳定运行为止，启动完毕。

由于启动过程的时间很短，所以启动电阻 R_{st} 都是按照短时运行条件设计的，因此能长期接在电路中运行。

随着自动化程序不断地提高，不仅大中功率的电动机采用成套的自动控制器启动，就连小功率的电动机也已大多用自动控制装置来代替手动操作。

【例8.3.4】 Z2-61 型并励电动机，额定功率 $P_n = 10\text{kW}$，额定电压 $U_n = 220\text{V}$，额定电流 $I_n = 53.8\text{A}$，定额转速 $n_n = 1500\text{r/min}$，最大励磁功率 $P_{fm} = 260\text{W}$。设已知电枢电阻 $R_a = 0.3\Omega$，试求：

(1)直接启动电流 I_{std} 及其与额定电流 I_n 的比值；

(2)若启动电流不得超过定额电流的 2 倍，则电枢电路应串联多大的启动电阻 R_{st}？

解：(1)按式(8-3-4)，直接启动电流近似为

$$I_{std} = \frac{U}{R_a} = \frac{220}{0.3} = 733(\text{A})$$

其与额定电流的比值为

$$\frac{I_{std}}{I_n} = \frac{733}{53.8} = 13.6(\text{倍})$$

(2)允许启动电流为

$$I_{st} = 2I_n = 2 \times 53.8 = 107.6(\text{A})$$

按式(8-3-5)，启动电阻应为

$$R_{st} = \frac{U}{I_{st}} - R_a = \frac{220}{107.6} - 0.3 = 1.74(\Omega)$$

2. 并励电动机的反转

要改变电动机的旋转方向，只要改变电动机产生的电磁转矩的方向即可。

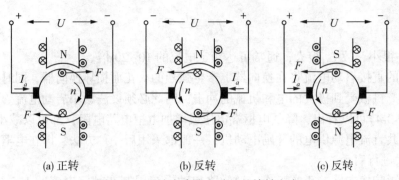

(a) 正转　　　　　　　(b) 反转　　　　　　　(c) 反转

图 8.3.10　改变直流电动机的旋转方向

在图 8.3.10(a) 的情况下，电动机顺时针方向旋转，设此时为正转。从左手定则知道，若保持磁通的原来方向，而只改变电枢电流的方向，如图 8.3.10(b) 所示，则电磁转矩的方向改变，电动机便按逆时针方向旋转，即为反转。或者保持电枢电流为原来的方向，而只改变励磁电流的方向，即只改变磁通的方向，如图 8.3.10(c) 所示，电动机也将反转。如果电枢电流和励磁电流两者的方向同时改变，那么电动机产生的电磁转矩方向仍不变，故达不到电动机反转的目的。

在实际应用中，由于励磁绕组存在着很大的电感，要改变励磁电流的方向，它的过程比较缓慢和复杂，所以一般不采用改变励磁电流方向的方法，而都采用改变电枢电流方向的方法来实现反转。

3. 并励电动机的调速

1) 改变电枢电路的电阻进行调速

保持并励电动机的电源电压 U 为额定值，在励磁电路中调节电阻 $R_{fc} = 0$ 的情况下，在电枢电路中串联接入调节电阻 R_{ac}，如图 8.3.9 所示。

用改变电枢电路电阻的方法来调速，其物理过程如下：当调节电阻 R_{ac} 的数值增加的瞬间，由于转动部分的惯量，转速 n 还未改变，故反电动势 E 也不变。此时电枢电流 $I_a = (U - E)/(R_a + R_{ac})$ 将减小，使电磁转矩 $T = C_T \Phi I_a$ 也减小。因负载机械反转矩不变，而电磁转矩小于负载转矩，电动机转速便开始下降。由于转速的下降，引起反电动势也随着下降，同时电枢电流和电磁转矩相应地增大，直到电磁转矩与负载转矩达到新的平衡为止。这时电动机的电枢电流恢复到调速前原来的值，而它的转速不再下降，将以较原来为低的转速继续稳定运转。

这种方法只能向降速方向调节。又因调节电阻 R_{ac} 在调速时长期通过电枢电流，显然要损耗大量电能，很不经济。同时调速范围(指电动机在额定负载下，可能达到的最高与最低转速之比)不大，一般为 1.5 : 1。但是，由于这种调速方法比较简单，所以在中小容量的直流电动机中还是被采用的。

【例 8.3.5】例 8.3.4 中的 Z2-61 型并励电动机，在额定负载转矩下，若在电枢电路中串联节电阻 $R_{ac} = 0.7\Omega$，求此时的转速 n。

解：因负载转矩和磁通不变，故在调速前后稳定运转情况下的电枢电流保持不变。

由调速前的电枢反电动势

$$E = U - R_a I_a = C_E \Phi n_n$$

得

$$C_E \Phi = \frac{U - R_a I_a}{n_n} = \frac{220 - 0.3 \times 53.8}{1500} = 0.136$$

由调速稳定后的电枢反电动势

$$E' = U - (R_a + R_{ac}) I_a = C_E \Phi n$$

得此时的转速

$$n = \frac{U - (R_a + R_{ac}) I_a}{C_E \Phi} = \frac{220 - (0.3 + 0.7) \times 53.8}{0.136} = 1222 (\text{r/min})$$

2）改变励磁电流调速

保持电动机的电枢电压为额定值，在电枢电路中调节电阻 $R_{ac} = 0$ 的情况下，增加接在励磁电路中的调节电阻 R_{fc}，如图 8.3.9 所示。改变励磁电路中的调节电阻 R_{fc} 便可得到不同的转速。R_{fc} 越大，转速越高。

这种调速方法，只能向升速方向调节。由于最高转速受到机械强度和换向条件的限制，所以一般并励电动机的调速范围可达 4：1。因为励磁电流 I_f 较小，在调节电阻上的功率损耗 $I_f^2 R_{fc}$ 并不大，所以比较经济。而且励磁调节电阻体积较小，较轻，控制方便。此外，这种调速方法还具有调速平滑、可实现无级调速、调速后电动机运行稳定性仍比较好等优点，所以得到了广泛应用。

最后，必须强调指出：电动机的励磁电路必须牢靠地接通，决不能让它断开。否则电动机只有很小的剩磁通，也就只可能产生很小的电磁转矩。此时，如果电动机空载或轻载运行，它的转速将上升到接近非常高的理想空载转速，而使电枢"飞散"毁坏。或者电动机负载或启动，它将停转或不能启动，使反电动势为零，引起很大的电枢电流，有烧毁电枢绕组的危险。

【例 8.3.6】 例 8.3.4 中的 Z2-61 型并励电动机，允许削弱磁场调速到最高转速为 $n_m = 2400\text{r/min}$。求当保持电枢电流 I_a 为额定值的情况下，电动机调速后的电磁转矩的倍数。

解：因电枢电流 I_a 不变，所以电枢反电动势 $E = U - R_a I_a$ 也不变。由式（8-3-2）知 $E = C_E \Phi n_n = C_E \Phi_{\min} n_m$，得出调速后的磁通最小值为

$$\Phi_{\min} = \frac{n}{n_m} \Phi = \frac{1500}{2400} \Phi = 0.625 \Phi$$

此时电磁转矩

$$T = C_T \Phi_{\min} I_{an} = C_T \times 0.625 \Phi I_{an} = 0.625 T_n$$

【思考题】

电枢绕组导体中流过的是直流电还是交变电？为什么？并说明换向器的作用。

习　题

8.1　若一台八极异步电动机，在额定频率 $f_n = 50\text{Hz}$ 的情况下，额定转速为 $n_n =$

720r/min。求：

（1）它的额定转差率 s_n；

（2）若有外力使它的转子转速上升到 1000r/min，此时的转差率是多少？

（3）若外力使它的转子反转，转速为 300r/min，此时的转差率是多少？

8.2　异步电动机的电磁转矩是怎样产生的？与哪些因素有关？

8.3　试述异步电动机的基本工作原理。

8.4　某设备装有 Y132M-4 型三相异步电动机，已知启动时它的负载反转矩为 40N·m，今电网不允许启动电流超过 100A。该电动机能否直接启动？

8.5　什么叫自锁和联锁？如何实现自锁和联锁？举例说明。

8.6　试设计能两地控制同一台异步电动机直接启动和停止的控制电路（提示：常闭停止按钮应串联，常开启动按钮应并联）。

8.7　一台离心式水泵，流量等于 720m³/h，排水高度 $h = 21$m，转速 $n = 1000$r/min，水泵效率 $\eta_b = 0.78$，电动机和水泵同轴连接，传动机构效率 $\eta_c = 0.98$。今有一台型号为 Y280M-6 的鼠笼式异步电动机，是否适用？

8.8　直流电动机的电磁转矩是怎样产生的？它的大小和哪些因素有关？

8.9　为什么电动机电枢绕组中也有感应电动势出现？是怎样产生的？它的大小和哪些因素有关？

8.10　一台直流电动机，已知 $C_E = 3$。当电枢端电压 $U_a = 220$V 时，输入电枢电流 $I_a = 50$A，转速 $n = 967$r/min；并测得电枢总电阻 $R_a = 0.34\Omega$。求此时的每极磁通 Φ。

8.11　试比较直流电动机的理想空载转速 n_0 和异步电动机的理想空载转速 n_1。

8.12　试说明题 8.12 图所示异步电动机直接启动控制电路中的点动按钮的作用。

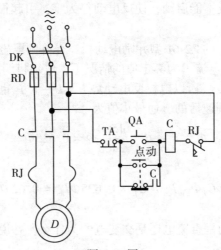

题 8.12 图

8.13　一台并励电动机，已知其工作电压 $U_n = 220$V，输入电流 $I_n = 122$A，电枢电路电阻 $R_a = 0.15\Omega$，励磁电路电阻 $R_f = 110\Omega$，转速 $n_n = 960$r/min。求：

（1）当负载减小，而转速上升到 1000r/min 时的输入电流；

（2）当负载转矩降低到 $75\%T_n$ 时的转速。（假定磁通 Φ 不变）

8.14　题 8.13 中，如果保持电枢电流不变，而把转速调节为 1100r/min。求：

（1）励磁电路的调节电阻 R_{fc}；

（2）电磁转矩为定额值的倍数。（假定磁路不饱和）

8.15　题 8.13 中的并励电动机的参数不变，如果保持额定转矩不变，而在电枢电路中串接一调节电阻 $R_{ac}=0.35\Omega$，求此时电动机的转速 n。

8.16　题 8.13 的并励电动机的参数不变，求：

（1）该电动机直接启动时的启动电流 I_{std} 及其为额定电枢电流的倍数；

（2）如果启动电流不得超过额定电枢电流的 2.5 倍，则应串联多大的启动电阻 R_{st}？

8.17　比较并励电动机的两种调速方法——增加电枢电阻和减少励磁电流，包括调整方向、调速范围、机械特性、设备投资和损耗效率等方面。

第9章 供配电与安全用电

电力工业是我国实现现代化的基础。2018 年，我国全口径发电量达 69940 亿度，居世界第一位。其中，火电发电量 49231 亿度，水电发电量 12329 亿度，风电发电量 3660亿度，核电发电量 2944 亿度，太阳能发电量 1775 亿度，其他 1 亿度。全社会用电量68449 亿度，工业用电量 46456 亿度，占全部用电量近 70%，是电力系统的最大电能用户。供配电系统的任务就是用户所需电能的供应和分配，它是电力系统的重要组成部分。在供电、配电和用电过程中，必须特别注意电气安全，如果稍有麻痹或疏忽，就可能造成严重的人身触电事故，或者引起火灾或爆炸，给国家和人民带来极大的损失。本章首先简单介绍供电与配电系统，然后重点强调安全用电和触电急救，最后介绍电气火灾的防护及其急救常识。

9.1 供电与配电系统

电力是现代工业的主要动力，在各行各业都得到了广泛应用。电力系统是发电厂、输电线、变电所及用电设备的总称。电力系统由发电、输电、变电和配电系统组成，其中配电又根据电压等级不同分为高压配电和低压配电，如图 9.1.1 所示。

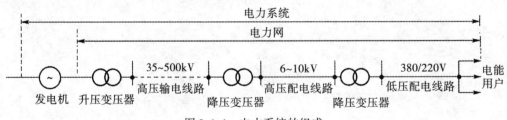

图 9.1.1 电力系统的组成

9.1.1 供电系统的组成

供电系统包括一次电路(主回路)和二次电路(辅助性线路)。一次电路用来传输、分

210

配和控制电能，包括电力降压变压器、各种开关电器、母线和输电线等。二次电路用来测量和监测用电情况，以保护和控制主回路中的电器。

单回路供电方式只有一路电源进线、一个降压变压器和一段低压母线，适用于中小型供电系统。

双回路供电方式具有两路电源进线，至少有两台变压器，可进行桥式接线，适用于大型企业供电系统。

9.1.2　企业变配电所及一次系统

变电所的任务是接受电能、变换电压；配电所的任务是接受电能和分配电能，区别是看有无变压器。1kV 以下是低压，1kV 以上是高压。从电网进线到低压配电所的供电主接线路称为一次系统。

低压配电系统由配电室(配电箱)、低压线路、用电线路组成。通常一个低压配电线路的容量在几十千伏安到几百千伏安的范围，负责几十个用户的供电。为了合理地分配电能，有效管理线路，提高线路的可靠性，一般都采用分级供电的方式。即按照用户地域或空间的分布，将用户划分成供电区和片，通过干线、支线向片、区供电。整个供电线路形成一个分级的网状结构。

低压配电线路结构分为以下两种：

(1)放射式配电线路。其特点是发生故障时互不影响，供电可靠性高，但导线消耗量大，开关控制设备较多，投资高，适用于对供电可靠性要求高的场合。

(2)树干式配电线路。其特点是开关设备少，导线的消耗量也较少，系统的灵活性好，但干线上发生故障时影响范围大，供电可靠性较低，适用于供电容量小而负载分布较均匀的场合(6~10kVA)。

9.2　安全用电

安全用电是指电气工作人员及其他用电人员，在既定的环境条件下，采取必要的措施和手段，在保证人身及设备安全的前提下正确使用电力。安全用电是一项非常严肃的工作，是从事电气工作人员必须具备的基本知识。知道安全用电的规定和要求，熟悉安全接地的方法，掌握触电急救方法，养成良好的规范操作和用电习惯，是确保用供电系统、用电设备长期稳定安全工作和人身安全的基础。

9.2.1　电流对人体的伤害

电流对人体伤害的严重程度与通过人体电流的大小、频率、持续时间、通过人体的路径及人体电阻的大小等多种因素有关。

1. 电流大小

通过人体的电流越大，人体的生理反应就越明显，感应越强烈，引起心室颤动所需的时间越短，致命的危险越大。

对于工频交流电，按照通过人体电流的大小和人体所呈现的不同状态，电流大致分为以下 3 种：

(1)感觉电流：是指引起人体感觉的最小电流。实验表明，成年男性的平均感觉电流约为 1.1mA，成年女性的约为 0.7mA。感觉电流不会对人体造成伤害，但电流增大时，人体反应变得强烈，可能造成坠落等间接事故。

(2)摆脱电流：是指人体触电后能自主摆脱电源的最大电流。实验表明，成年男性的平均摆脱电流约为 16mA，成年女性约为 10mA。

(3)致命电流：是指在较短的时间内危及生命的最小电流。实验表明，当通过人体的电流达到 50mA 以上时，心脏会停止跳动，并可能导致死亡。

2. 电流频率

一般认为 40~60Hz 的交流电对人体最危险。随着频率的增高，危险性将降低。高频电流不仅不伤害人体，有时还能治病。

3. 通电时间

通电时间变长，电流会使人体发热和人体组织的电解液成分增加，从而导致人体电阻降低，致使通过人体的电流增加，人体触电的危险亦随之增加。

4. 电流路径

电流通过头部可使人昏迷；通过脊髓可能导致人瘫痪；通过心脏可造成心跳停止，血液循环中断；通过呼吸系统会造成窒息。从左手到胸部是最危险的电流路径，从手到手或从手到脚也是很危险的电流路径，而从脚到脚则是危险性较小的电流路径。

电流流过大脑或心脏时最易造成死亡事故。通过人体的电流大小取决于作用在人体上的电压和人体电阻值。人体电阻，基本上由表面角质层电阻大小而定，但由于皮肤状况、触电接触等情况不同，电阻值亦有所不同。如皮肤较潮湿、触电接触紧密时，人体电阻就小，则通过的触电电流就大，危险性也随之增加。通常人体电阻为 800Ω 至几万欧姆。皮肤干燥时电阻大，出汗时电阻小。人体电阻若以 800Ω 计，触及 36V 的电源时，通过人体的电流为 45mA，对人体安全不构成威胁。所以一般情况下，规定 36V 以下的电压为安全电压。

但应注意，在潮湿的环境中，安全电压值应低于 36V。因为在这种环境下，人体皮肤的电阻变小，这时加在人体两部位之间的电压即使是 36V 也是危险的。所以，这时应采用更低的 24V 或 12V 电压才安全。

9.2.2 可能的触电方式

1. 单相触电

单相触电是常见的触电方式，指人体的某一部分接触带电体的同时，另一部分又与大地或中性线相接，电流从带电体流经人体到大地（或中性线）形成回路，如图9.2.1所示。其中，图（a）为中性点直接接地，图（b）为中性点不直接接地。

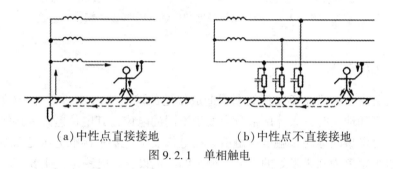

（a）中性点直接接地　　　　　（b）中性点不直接接地

图9.2.1　单相触电

2. 两相触电

两相触电指人体的不同部分同时接触两相电源时造成的触电，如图9.2.2所示。对于这种情况无论电网中性点是否接地，人体所承受的线电压将比单相触电时高，危险更大。

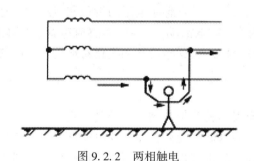

图9.2.2　两相触电

3. 跨步电压触电

雷电流入地或电力线（特别是高压线）断落到地时，会在导线接地点及周围形成强电场。当人、畜跨进这个区域，两脚之间出现的电位差称为跨步电压 U_{st}。在这种电压作用下，电流从接触高电位的脚流进，从接触低电位的脚流出，从而形成触电，如图9.2.3（a）所示。跨步电压的大小取决于人体站立点与接地点的距离，距离越小，其跨步电压越大。当距离超过20米（理论上为无穷远处）时，可认为跨步电压为0，不会发生触电危险。

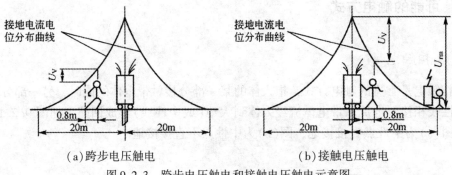

(a)跨步电压触电   (b)接触电压触电

图 9.2.3 跨步电压触电和接触电压触电示意图

4. 接触电压触电

若电气设备由于绝缘损坏或其他原因造成接地故障，当人体两个部分(如手和脚)同时接触设备外壳和地面时，人体两部分会处于不同的电位，其电位差即为接触电压。由接触电压造成的触电事故称为接触电压触电。在电气安全技术中接触电压是以站立在距漏电设备接地点水平距离为 0.8 米处的人，手触及的漏电设备外壳距地高 1.8 米时，手脚间的电位差 U_T 作为衡量基准，如图 9.2.3(b)所示。接触电压值的大小取决于人体站立点与接地点的距离，距离越远，则接触电压值越大；当距离超过 20 米时，接触电压值最大，即等于漏电设备上的电压 U_Tm；当人体站在接地点与漏电设备接触时，接触电压为 0。

5. 感应电压触电

感应电压触电是指当人触及带有感应电压的设备和线路时所造成的触电事故。一些不带电的线路由于大气变化(如雷电活动)，会产生感应电荷，停电后一些可能存在感应电压的设备和线路如果未及时接地，这些设备和线路对地均存在感应电压。

6. 剩余电荷触电

剩余电荷触电是指当人体触及带有剩余电荷的设备时，对人体放电造成的触电事故。带有剩余电荷的设备通常含有储能元件，如并联电容器、电力电缆、电力变压器及大容量电动机等，在退出运行和对其进行类似摇表测量等检修后，会带上剩余电荷，要及时对其放电。

9.2.3 接地和接零

在电气工程系统中，为了保证系统的安全运行和人员的人身安全会采取一种用电安全措施——接地和接零。接地的主要作用就是防止人身遭受电击，防止电工设备和工作线路遭受损坏，预防火灾，防止雷击和静电损害，从而保障电力系统的正常运行。

1. 接地

(1)接地的基本概念：接地是将电气设备或装置的某一点(接地端)与大地之间进行符合技术要求的电气连接。这样，即使设备绝缘损坏或遭受雷击等情况下电气设备也能对地提供电流流通回路，保证电气设备和人身的安全。

(2)接地装置：接地装置由接地体和接地线两部分组成，如图9.2.4所示。其中，(a)图为回路式，(b)图为外引式。接地体是埋入大地中并和大地直接接触的导体组，它分为自然接地体和人工接地体。自然接地体是利用与大地有可靠连接的金属构件、金属管道、钢筋混凝土建筑物的基础等作为接地体。人工接地体是用型钢如角钢、钢管、扁钢、圆钢制成的。人工接地体一般有水平敷设和垂直敷设两种。电气设备或装置的接地端与接地体相连的金属导线称为接地线。

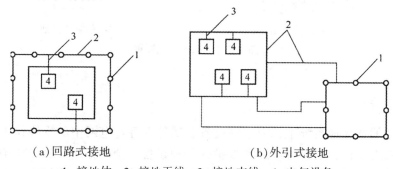

(a)回路式接地　　　　　　　(b)外引式接地

1. 接地体；2. 接地干线；3. 接地支线；4. 电气设备

图9.2.4　接地装置示意图

(3)接地类型：

a. 工作接地。为了保证电气设备的正常工作，将电路中的某一点通过接地装置与大地可靠地连接，称为工作接地。如变压器低压侧的中性点、电压互感器和电流互感器的次级某一点接地等，其作用是为了降低人体的接触电阻。

供电系统中电源变压器中性点的接地称中性点接地系统；中性点不接地的称中性点不接地系统。中性点接地系统中，一相短路，其他两相的对地电压为相电压。中性点不接地系统中，一相短路，其他两相的对地电压接近线电压。

b. 保护接地。保护接地是将电气设备正常情况下不带电的金属外壳通过接地装置与大地可靠连接。其原理如图9.2.5所示。

当电气设备不接地时，如图9.2.5(a)所示。若绝缘损坏，一相电源碰壳，电流经人体电阻R_R、大地和线路对地绝缘电阻R_j构成的回路，若线路绝缘电阻损坏，电阻R_j变小，流过人体的电流增大，便会触电。

当电气设备接地时，如图9.2.5(b)所示。虽有一相电源碰壳，但由于人体电阻R_R远大于接地电阻R_d(一般为几欧)，所以通过人体的电流I_R极小，流过接地装置的电流I_d则很大，从而保证了人体安全。保护接地适用于中性点不接地或不直接接地的电网系统。

接地装置的测量应在每年的三、四月份进行，其中，变配电所、车间设备保护接地和防雷保护装置的接地装置，每年测量一次；10kV 及以下线路变压器的工作接地装置和低压线路中性线重复接地的接地装置每两年测量一次。雷雨天气不得测量防雷接地装置的接地电阻。

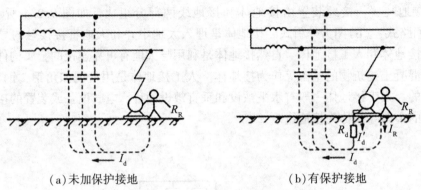

（a）未加保护接地　　　　　　（b）有保护接地

图 9.2.5　保护接地原理

2. 保护接零

在中性点直接接地系统中，把电气设备金属外壳等与电网中的零线作可靠的电气连接，称保护接零。保护接零可以起到保护人身和设备安全的作用。当一相绝缘损坏碰壳时，由于外壳与零线连通，形成该相对零线的单相短路，短路电流使线路上的保护装置（如熔断器、低压断路器等）迅速动作，切断电源，消除触电危险。对未接零设备，对地短路电流不一定能使线路保护装置迅速可靠地动作。

9.2.4　电气作业的防护措施

电工作业人员必须持证上岗，遵守《电气安全技术操作规程通则》中的有关规定，坚持定期巡检、维护检修制度。电工除了必须掌握电工基础知识、安全用电和触电急救常识外，还要充分了解作业中电气设备、设施、用电线路等的性能，并制定好切实有效的安全防护措施后方可工作。

1. 作业前的防护措施

进行任何电气作业前都要对作业环境的危险因素进行辨识。采取的防护措施有：

（1）确保人体与地面绝缘。必须确保相应的绝缘安全用具（如安全帽、工作服、绝缘手套、绝缘鞋等）性能良好并佩戴整齐。

（2）必须切断电源并确定无电。即使目前停电，也要将电源断开，以防止突然来电而造成损害。

（3）检查设备环境是否良好。比如现场环境潮湿或有大量存水，极易引发短路或漏电，此时一定要按规范操作，切勿盲目作业。还应及时清扫搬移设备附近的杂物，方可检修，避免火灾事故的发生。

(4)检查用电线路连接是否良好。比如，检查线路中有无改动、有无明显破损和断裂、电气设备或线路有无裸露等，应先将裸露部位缠绕绝缘带或装设罩盖，对于破损和断裂部分应及时更换，且不可继续使用。

(5)确认更换的设备。应确认设备具有国家认定机构的安全认证标志或其安全性能已经国家认定的检验机构检验合格，如中国电工产品认证委员会(CCEE)质量认证标志和长城标志。还应确认设备符合相应的环境要求和使用等级要求。

2. 作业时的防护措施

作业时应严格遵守相关的规章制度和安全技术规程，采取的防护措施有：

(1)必须使用专门的电工工具(如电工刀、电工钳、试电笔、安全灯等)，且不可以用湿手或湿布接触带电体。在使用手持电动工具时，必须安装漏电保护器，工具外壳要进行防护性接地或接零。

(2)对于复杂的操作，通常需要两人执行，一人工作，一人监护。监护人应及时纠正一切不安全的动作和其他错误做法。监护人的安全技术等级应高于操作人；工作人员要服从监护人的指挥。

(3)检修设备时，一定要切断电源，并在明显处(如开关柜)放置"禁止合闸，有人工作"的警示牌。如果同一线路上有两组或以上人员同时工作，必须分别办理停电手续，并在此线路刀闸上挂以数量相等的警示牌。

(4)绝对不要带电移动电气设备。一定要先拉闸停电，然后再移动。移动完毕经检查无误，方可继续通电使用。

(5)确保他人人身安全。对于需要临时搭建的线路要严格按照操作规范处理，切忌沿地面随意连接电力线路，否则由于踩踏或磕绊极易造成破损或断裂，从而诱发触电或火灾等事故，应采用架高连接的方法。

(6)注意区分接地和接零。严禁将接地线代替接零线或将接地线与零线短路，例如，在进行家用电器的接线时，如将电气设备的零线和地线接在一起，容易发生短路事故，同时火线和零线形成回路会使家用电器的外壳带电而造成触电。

(7)不可随意更换电器元件型号规格。认真分析、检查电气故障，必须更换新的元件时应注意型号、规格与原先使用的是否一致。更换电动机时应检查功率、转速、电压、接法是否一致。不得擅自增大电气装置的额定容量，不得任意改变保护装置的整定值和保护元件的规格。

3. 作业完毕的防护措施

电工作业完毕的常规防护措施有：

(1)必须清理现场。保持电气设备周围的环境干燥、清洁；清点所用工具、材料及零配件，以防遗失和留在设备内造成事故；确保设备的散热通风良好。对于重点和危险的场所和区域要妥善管理，并采用上锁或隔离等措施禁止非工作人员进入或接近，以免发生意外。

（2）对相关电气设备和线路进行仔细检查并调试。重点检查有无元器件老化、电气设备运转是否正常等。此外，还要确保电气设备接零、接地的正确连接，防止触电事故的发生。

（3）检查电气设备周围的消防设施是否齐全，发现问题应及时上报。

9.2.5　触电急救

触电急救的要点是要动作迅速，救护得法，切不可惊慌失措、束手无策。

1. 首先要尽快地使触电者脱离电源

人触电以后，可能由于痉挛或失去知觉等原因而紧抓带电体，不能自行摆脱电源。这时，使触电者尽快脱离电源是救活触电者的首要因素。

（1）低压触电事故。对于低压触电事故，可采用下列方法使触电者脱离电源：

a. 触电地点附近有电源开关或插头，可立即断开开关或拔掉电源插头，切断电源。

b. 电源开关远离触电地点，可用有绝缘柄的电工钳或干燥木柄的斧头分相切断电线，断开电源；或用干木板等绝缘物插入触电者身下，以隔断电流。

c. 电线搭落在触电者身上或被压在身下时，可用干燥的衣服、手套、绳索、木板、木棒等绝缘物作为工具，拉开触电者或挑开电线，使触电者脱离电源。

（2）高压触电事故。对于高压触电事故，可以采用下列方法使触电者脱离电源：

a. 立即通知有关部门停电。

b. 戴上绝缘手套，穿上绝缘靴，用相应电压等级的绝缘工具断开开关。

（3）脱离电源要注意如下注意事项：

a. 救护人员不可以直接用手或其他金属及潮湿的物件作为救护工具，而必须采用适当的绝缘工具且单手操作，以防止自身触电。

b. 防止触电者脱离电源后，可能造成的摔伤。

c. 如果触电事故发生在夜间，应当迅速解决临时照明问题，以利于抢救，并避免扩大事故。

2. 现场急救方法

当触电者脱离电源后，应根据触电者的具体情况，迅速地对症进行救护。现场应用的主要救护方法是人工呼吸法和胸外心脏挤压法。

（1）对症进行救护。当触电者需要救治时，大体上可按照以下 3 种情况分别处理：

a. 如果触电者伤势不重，神志清醒，但是有些心慌、四肢发麻、全身无力；或者触电者在触电的过程中曾经一度昏迷，但已经恢复清醒。在这种情况下，应当使触电者安静休息，不要走动，派人严密观察，并请医生前来诊治或送往医院。

b. 如果触电者伤势比较严重，已经失去知觉，但仍有心跳和呼吸，这时应当使触电者舒适、安静地平卧，保持空气流通。同时解开他的衣服，以利于其呼吸。如果天气寒冷，要注意对其保温，并立即请医生诊治或送往医院。

c. 如果触电者伤势严重，呼吸停止或心脏停止跳动或两者都已停止时，则应立即施行人工呼吸和胸外挤压，并迅速请医生诊治或送往医院。应当注意，急救要尽快地进行，不能等候医生的到来，且在送往医院的途中也不能中止急救。

（2）口对口人工呼吸法。口对口人工呼吸法是在触电者呼吸停止后应用的急救方法。具体操作步骤如图 9.2.6 所示。

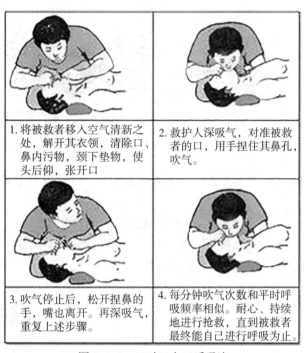

图 9.2.6　口对口人工呼吸法

a. 让触电者仰卧，迅速解开其衣领和腰带。

b. 让触电者头偏向一侧，清除其口腔中的异物，使其呼吸畅通，必要时可用金属匙柄由口角伸入，使口张开。

c. 救护者站在触电者的一边，一只手捏紧触电者的鼻子，一只手托在触电者颈后，使触电者颈部上抬，头部后仰，然后深吸一口气，用嘴紧贴触电者嘴大口吹气，接着放松触电者的鼻子，让气体从触电者肺部排出。每 5s 吹气一次，不断重复地进行，直到触电者苏醒为止。对儿童施行此法时，不必捏鼻。触电者开口困难时，可以使其嘴唇紧闭，对准鼻孔吹气（即口对鼻人工呼吸），效果相似。

（3）胸外心脏挤压法。胸外心脏挤压法是触电者心脏跳动停止后采用的急救方法。具体操作步骤如图 9.2.7 所示。

a. 让触电者仰卧在结实的平地或木板上，松开其衣领和腰带，使其头部稍后仰（颈部可枕垫软物），抢救者跪跨在触电者腰部两侧。

b. 抢救者将右手掌放在触电者胸骨处，中指指尖对准其颈部凹陷的下端，如图 9.2.7

(a)所示，左手掌复压在右手背上(对儿童可只用一只手)，如图 9.2.7(b)所示。

　　c.抢救者借身体重量向下用力挤压，用掌根用力平压，如图 9.2.7(c)所示。压下 3~4cm，突然松开，如图 9.2.7(d)所示。

　　挤压和放松动作要有节奏，每秒进行一次，每分钟宜挤压 60 次左右，不可中断，直至触电者苏醒为止。要求挤压定位要准确，用力要适当，防止用力过猛给触电者造成内伤和用力过小挤压无效。对儿童用力要适当小一些。

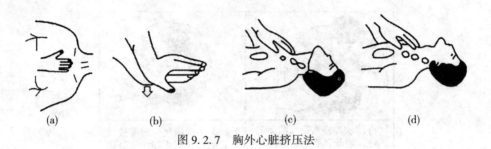

图 9.2.7　胸外心脏挤压法

　　(4)当触电者呼吸和心跳都停止时，允许同时采用"口对口人工呼吸法"和"胸外心脏挤压法"。

　　单人救护时，可先口对口吹气 2~3 次，再胸外心脏按压 10~15 次，交替进行。双人救护时，每 5s 吹气一次，每秒挤压一次，两人同时进行操作，如图 9.2.8 所示。其中，(a)图所示为单人操作，(b)图所示为双人操作。

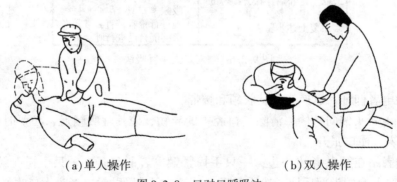

(a)单人操作　　　　　　　　(b)双人操作

图 9.2.8　口对口呼吸法

　　抢救既要迅速又要有耐心，即使在送往医院途中也不能停止急救。此外，不能给触电者打强心针、泼冷水或压木板等。

9.3　电气火灾的防护及急救常识

　　引起电气火灾的原因十分广泛。几乎所有的电气故障都可能导致电气火灾。特别是在易燃易爆场所，例如存放石油液化气、煤气、天然气、汽油、柴油、酒精、棉、麻、化纤织物、木材、塑料的场所等。另外，一些设备本身可能会产生易燃易爆物质，如设备的绝缘油在电弧作用下分解和汽化，喷出大量的油雾和可燃气体；酸性电池排出氢气并形成爆炸性混合物等。一旦这些易燃易爆环境遇到较高的温度和微小的电火花即有可能引起着火或爆炸。比如当电路短路时，短路电流为正常电流的几十倍甚至上百倍，短时间内周边温度会急剧升高，从而会导致火灾；过载时，流经电路的电流将超过线路的安全载流量，电气设备长时间工作在此状态下，由于设备、线路过热而引起火灾；此外，漏电、照明及电热设备开关的动作、熔断器的烧断、线路接触不良以及雷击、静电等，都可能引起高温、高热或者产生电弧、放电火花，从而导致火灾或爆炸事故。

9.3.1 电气火灾的防护

电气火灾的防护主要是为了消除隐患、提高用电安全。具体措施如下：

1. 正确选用保护装置，防止电气火灾发生

(1)对正常运行条件下可能产生电热效应的设备采用隔热、散热、强迫冷却等结构，并注重耐热和防火材料的使用。

(2)按规定要求设置包括短路、过载、漏电保护设备的自动断电保护。对电气设备和线路正确设置接地、接零保护，为防雷电安装避雷器及接地装置。

(3)根据使用环境正确选择电气设备。恶劣的自然环境和有导电尘埃的地方应选择有抗绝缘老化功能的产品，或增加相应的措施；对易燃易爆场所则必须使用防爆电气产品。

2. 正确安装电气设备，防止电气火灾发生

(1)合理选择安装位置。对于爆炸危险场所，应该考虑把电气设备安装在爆炸危险场所以外或爆炸危险性较小的部位，开关、插座、熔断器、电热器具、电焊设备和电动机等应根据需要，尽量避开易燃物或易燃建筑构件；在起重机滑触线下方不应堆放易燃品；露天的变、配电装置不应设置在易于沉积可燃性粉尘或纤维的地方等。

(2)保持必要的防火距离。对于在正常工作时能够产生电弧或电火花的电气设备，应使用灭弧材料将其全部隔围起来，或将其与可能被引燃的物料用耐弧材料隔开，或与可能引起火灾的物料之间保持足够的距离，以便安全灭弧。

使用有局部热聚焦或热集中的电气设备时，在局部热聚焦或热集中的方向，与易燃物料必须保持足够的距离，以防其被引燃。

电气设备周围的防护屏障材料必须能承受电气设备产生的高温(包括故障情况下)。应根据具体情况选择不可燃、阻燃材料或在可燃性材料表面喷涂防火涂料。

3. 保持电气设备的正常运行，防止电气火灾发生

(1)正确使用电气设备是保证电气设备正常运行的前提，应按设备使用说明书的规定操作电气设备，严格执行操作规程。

(2)保持电气设备的电压、电流、温升等不超过允许值，保持各导电部分连接可靠、接地良好。

(3)保持电气设备的绝缘良好，保持电气设备的清洁，保持良好的通风。

9.3.2 电气火灾急救常识

当发生火灾时，应立即拨打 119 火警电话报警，向公安消防部门求助。扑救电气火灾时应注意触电危险，为此要及时切断电源，通知电力部门派人到现场指导和监护扑救工作。

1. 正确选择和使用灭火器

在扑救尚未确定是否断电的电气火灾时，应选择适当的灭火器和灭火装置，否则，有可能造成触电事故和更大的危害，如使用普通水枪射出的直流水柱和泡沫灭火器射出的导电泡沫会破坏绝缘。

使用四氯化碳灭火器灭火时，灭火人员应站在上风侧，以防中毒；灭火后空间要注意通风。使用二氧化碳灭火时，当其浓度达 85% 时，人就会感到呼吸困难，要注意防止人员窒息。

2. 正确使用喷雾水枪

带电灭火时使用喷雾水枪比较安全。原因是这种水枪通过水柱的泄漏电流较小。用喷雾水枪灭电气火灾时水枪喷嘴与带电体的距离可参考以下数据：10kV 及以下不小于 0.7m；35kV 及以下不小于 1m；110kV 及以下不小于 3m；220kV 不应小于 5m。

带电灭火必须有人监护。

习　题

9.1　电力系统由哪几部分组成？各部分的作用是什么？

9.2　输电线路的作用是什么？它包括哪几种形式？

9.3　为什么要采用高压输电？

9.4　触电形式有哪几种？

9.5　保护接地与保护接零有什么区别？

9.6　如何进行触电急救？具体步骤如何？

9.7　电气火灾原因及防护措施有哪些？

9.8　电气火灾急救方法有哪些？

9.9　安全电压值是多少？

9.10　在安装灯具线路时，为什么要采用"火（相）线进开关，地（零）线进灯头"的做法？

9.11　什么是保护接零？保护接零有何作用？

9.12　什么是保护接地？保护接地有何作用？

9.13　在同一供电线路上能采用多种保护措施吗？为什么？

第10章 综合实训

10.1 焊接工艺——音频信号发生器的制作

1. 实训设备

直流稳压电源、示波器、电烙铁等，主要元器件和材料清单见表 10.1.1。

表 10.1.1　　　　　　　　　　　　主要元器件和材料清单

符号	规格型号	名称	符号	规格型号	名称
R_1	10k	电阻器	C_1	0.01μF	电容
R_2	10k	电阻器	C_2	1μF	电容
R_3	2k	电阻器	C_3	200pF	电容
R_4	5.1k	电阻器	IC	LM555	集成时基电路
R_5	5.1k	电阻器	LED	$\Phi3$	发光二极管
R_W	200k	电阻器			印制电路板

所需印制电路板和电路原理图如图 10.1.1 所示：

2. 实训内容

1) 元器件检测

外观质量检查：电子元器件外观应完好无损，各种型号、规格、标识应清楚。

元器件检测：按电子元器件的检测方法，对电路中的电阻、电容、发光二极管进行质量检测。

2) 印制电路板检查

对照图检查原理图中各电子元器件在印制电路板上的位置。

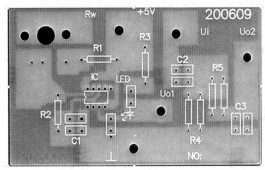
(a) 电路面板

(b) 电路底板

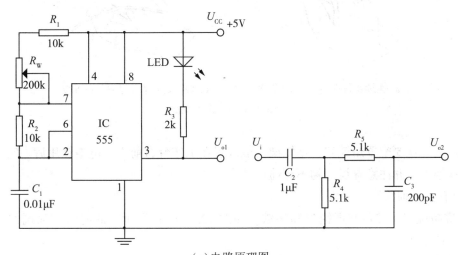
(c) 电路原理图

图 10.1.1 印制电路板

3) 焊接电路

焊接时，印制电路板上的元器件全部采用卧式焊接，元器件顶部距离印制电路板高度为 5mm，焊点用锡量应适中，整个印制电路板上的焊点要均匀、光亮，无虚焊假焊。

下面简单介绍手工焊接工艺和拆焊技术。

(1) 焊接操作姿势与卫生。

焊剂加热挥发出的化学物质对人体是有害的，如果操作时鼻子距离烙铁头太近，则很容易将有害气体吸入。一般烙铁离开鼻子的距离应至少不小于 30cm，通常以 40cm 为宜。

电烙铁拿法有三种，如图 10.1.2 所示。反握法动作稳定，长时间操作不易疲劳，适于大功率烙铁的操作。正握法适于中等功率烙铁或带弯头电烙铁的操作。一般在操作台上焊印制板等焊件时多采用握笔法。

焊锡丝一般有两种拿法，如图 10.1.3 所示。由于焊丝成分中铅占一定比例，众所周知铅是对人体有害的重金属，因此操作时应戴手套或操作后洗手，尤其要避免食入。

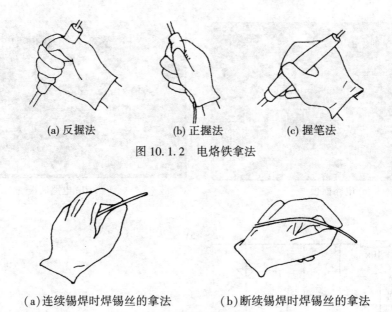

(a) 反握法   (b) 正握法   (c) 握笔法

图 10.1.2　电烙铁拿法

（a）连续锡焊时焊锡丝的拿法　　　（b）断续锡焊时焊锡丝的拿法

图 10.1.3　焊锡丝拿法

　　使用电烙铁要配置烙铁架，烙铁架一般放置在工作台右前方，电烙铁用后一定要稳妥放于烙铁架上，并注意导线等物不要碰烙铁头。

　　（2）五步法训练。

　　a. 准备施焊。准备好焊锡丝和烙铁。如图 10.1.4(a) 所示，此时特别强调的是烙铁头部要保持干净。

　　b. 加热焊件。如图 10.1.4(b) 所示，将烙铁接触焊接点，首先要注意保持烙铁加热焊件各部分，例如印制板上引线和焊盘都使之受热。其次要注意让烙铁头的扁平部分（较大部分）接触热容量较大的焊件，烙铁头的侧面或边缘部分接触热容量较小的焊件，以保持焊件均匀受热。

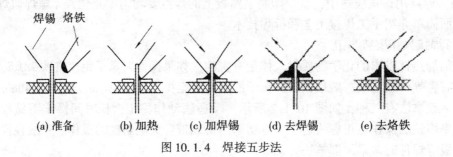

焊锡　烙铁

(a) 准备   (b) 加热   (c) 加焊锡   (d) 去焊锡   (e) 去烙铁

图 10.1.4　焊接五步法

　　c. 熔化焊料。如图 10.1.4(c) 所示，当焊件加热到能熔化焊料的温度后将焊丝置于焊点，焊料开始熔化并润湿焊点。

d. 移开焊锡。如图 10.1.4(d)所示,当熔化一定量的焊锡后将焊锡丝移开。

e. 移开烙铁。如图 10.1.4(e)所示,当焊锡完全润湿焊点后移开烙铁,注意移开烙铁的方向应该是大致 45 度的方向。

上述过程,对一般焊点而言大约二三秒钟。

检查和整理:焊接完成后要进行检查和整理。检查的项目包括:有无插错元器件、漏焊及桥连;元器件的极性是否正确及印制电路板上是否有飞溅的焊料、剪断的线头等。检查后还需将歪斜的元器件扶正并整理好导线。

(3)拆焊技术。

在电子产品的生产过程中,不可避免地要因为装错、损坏或因调试、维修的需要而拆换元器件,这就是拆焊,也叫解焊。

常用的拆焊工具,除普通电烙铁外,还有镊子、吸锡器和吸锡电烙铁等几种。

a. 尖头不锈钢镊子:用来夹持元器件或借助电烙铁恢复焊孔。

b. 吸锡器:用来吸取焊接点上的焊锡,专用的价格昂贵,可用镀锡的编织套浸以助焊剂代用,效果也较好。

c. 吸锡电烙铁:用来吸去熔化的焊锡,使焊盘与元器件引线或导线分离,达到解除焊接的目的。

拆焊的操作要点如下:

a. 严格控制加热的温度和时间。因拆焊的加热时间和温度较焊接时要长、要高,所以要严格控制温度和加热时间,以免将元器件烫坏或使焊盘翘起、断裂。宜采用间隔加热法来进行拆焊。

b. 拆焊时不要用力过猛。在高温状态下,元器件封装的强度都会下降,尤其是塑封器件、陶瓷器件、玻璃端子等,过分地用力拉、摇、扭都会损坏元器件和焊盘。

c. 吸去拆焊点上的焊料。拆焊前,用吸锡工具吸去焊料,有时可以直接将元器件拔下。即使还有少量锡连接,也可以减少拆焊的时间,减少元器件及印制电路板损坏的可能性。

4)通电检测电路功能

印制电路板焊接完毕经检查无误后,加+5V 直流电压,发光二极管应快速闪亮,改变电位器阻值,发光二极管的闪亮频率应有明显变化。否则应断电,重新检查元器件位置有无焊错、焊点有无虚焊假焊等,直至电路通电后能正常工作为止。

3. 实训报告要求

(1)简述焊接和拆焊的步骤以及注意事项。

(2)讨论焊接质量的判别方法及其对电路的影响。

(3)总结焊接实训过程的体会。

10.2 三相电路的装接与测试

1. 实训设备

交流电压表、交流电流表、万用表、三相调压器、白炽灯泡等。

2. 实训内容

1) 三相负载的星形连接

按图 10.2.1 连接线路,即三相电源经隔离、自耦调压器隔离并降压后接通白炽灯负载。先将调压器旋钮置于三相电压输出为 0 的位置,经查无误后,合上三相电源,调节调压器的输出为 12V。

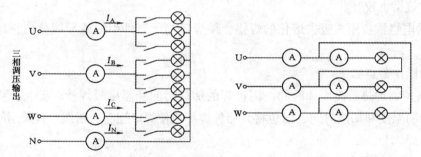

图 10.2.1 三相负载星形连接测试电路 图 10.2.2 三相负载三角形连接测试电路

按表 10.2.1 内容分别测量三相负载的线电压、相电压、线电流、相电流、中性线电流、电源与负载中点间的电压。

表 10.2.1 三相负载星形连接测试数据记录

测试内容		灯盏数			线电流			线电压			相电压			中性线电流	中点电压
		U	V	W	I_U	I_V	I_W	U_{UV}	U_{VW}	U_{WU}	U_U	U_V	U_W		
对称	有中性线	3	3	3											
	无中性线	3	3	3											
不对称	有中性线	1	2	3											
	无中性线	1	2	3											
V 相电源开路	有中性线	1		3											
	无中性线	1		3											

2)三相负载三角形连接

按图 10.2.2 连接线路,即三相电源经隔离、自耦调压器隔离并降压后接通白炽灯负载。先将调压器旋钮置于三相电压输出为 0 的位置,经查无误后,合上三相电源,调节调压器的输出为 12V,按表 10.2.2 内容分别进行测量。

表 10.2.2 三相负载三角形连接测试数据记录

测试内容	灯盏数			线电压			线电流			相电流		
	U	V	W	U_{UV}	U_{VW}	U_{WU}	I_U	I_V	I_W	I_{UV}	I_{VW}	I_{WU}
三相对称	3	3	3									
三相不对称	1	2	3									
UV 相负载开路												
U 相电源开路												

3. 实训报告要求

(1)用实际测量数据验证三相电路中电压、电流关系。

(2)用实际测量数据总结三相四线制供电系统中中性线的作用。

(3)分析不对称三角形联结的负载,看能否正常工作。

10.3 变压器的测试

1. 实训设备

交流电压表、交流电流表、万用表、变压器、白炽灯泡、连接导线等。

2. 实训内容

(1)测变比 n。按图 10.3.1 所示连接电路,经教员检查认可后合上开关。合上开关前,调压器手柄应置于输出电压为零的位置,以防电流表、电压表被合闸瞬间的冲击电流所损坏。调低压侧电压为额定值的一半左右,测量低、高压侧电压 U_{20} 和 U_k 三次,求取变比的平均值。

(2)空载实验。按图 10.3.1 所示连接电路,合上开关后,逐步增大调压器输出电压至 $U_{20} = 1.1U_{2N}$ 为止,测 4~5 个点(注意在 U_{2N} 附近多取几点),记录每一点的 I_0、P_0 和 U_{20}(U_{2N} 点要准确记录),填入表 10.3.1。

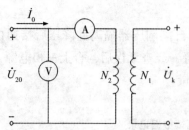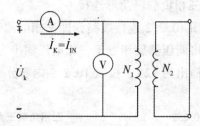

图 10.3.1　单相变压器空载实验接线图　　　图 10.3.2　单相变压器短路实验接线图

表 10.3.1　　　　　　　　　　变压器空载实验数据

$P_0(\text{W})$				
$U_{20}(\text{V})$				
$I_0(\text{A})$				

（3）短路实验。为了便于测量，此实验在高压侧进行。

a. 按图 10.3.2 所示连接电路，高压侧接调压器，低压侧短路，合上开关前调压器手柄应放在输出电压为零的位置。

b. 合上开关，缓慢升高电压，至电流达到 $I_k = I_N$ 时为止，读取此时的数据 U_K、P_K，填入表 10.3.2。

表 10.3.2　　　　　　　　　　变压器短路实验数据

$P_K(\text{W})$	
$U_K(\text{V})$	
$I_K(\text{A})$	

注意事项：实验由于电流较大，所以实验时间不宜过长；调压过程中要密切注意电流变化，一般所加电压很低，在 $10\% U_{1N}$ 以下；低压侧短接线要选择短而粗一点的导线。

（4）负载实验。按图 10.3.3 所示连接电路，经教员检查认可后，方可进行。

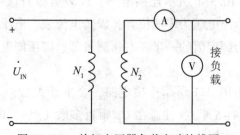

图 10.3.3　单相变压器负载实验接线图

a. 原级接 220V 电源后，测次级空载电压 U_{20}；然后接灯箱。

b. 加灯泡负载，读取并记录若干组 U_2、I_2 数据，填入表 10.3.3。

表 10.3.3 变压器负载实验数据

$U_2(\text{V})$				
$I_2(\text{A})$				

注意事项：实验过程中，次级电流不允许超过额定值。

3. 实训报告要求

(1)用实际测量数据验证变压器中电压、电流关系。

(2)用实际测量数据说明变压器的作用。

(3)总结使用变压器时的注意事项。

10.4 家庭配电线路设计

1. 实训设备

通用电工工具 1 套、电度表 1 块、漏电保护器 1 个，低压断路器、插座(15A、30A)若干，铜芯导线(2.5mm² 和 1.5mm²)若干，配电箱 1 个，白炽灯泡、螺钉、绝缘带、胶布、接线条若干等。

2. 实训内容

配电线路设计要求如下：

(1)客厅：柜式空调 1 台、吊灯 1 盏、顶灯 1 盏、插座 7 个、彩电 1 台；

(2)卧室：壁式空调 1 台、顶灯 1 盏、插座 5 个、彩电 1 台；

(3)书房：壁式空调 1 台、顶灯 1 盏、插座 5 个、电脑 1 台；

(4)厨房：冰箱 1 台、顶灯 1 盏、微波炉 1 台、抽油烟机 1 台、插座 6 个；

(5)卫生间：顶灯 1 盏、电热水器 1 台、排风扇 1 台、浴霸 1 台、插座 3 个；

(6)阳台：顶灯 1 盏、洗衣机 1 台、插座 2 个。

3. 设计报告要求

(1)设计合理的配电线路图；

(2)正确选择元器件及导线；

231

（3）正确进行家庭用电负荷计算，并合理选择电度表；

（4）总结设计体会。

10.5 触电急救模拟

1. 实训设备

口对口呼吸法和胸外心脏按压法的教学录像，触电模拟急救模拟人若干。

2. 实训内容

（1）用绝缘物使触电者脱离电源或关电源总闸。

（2）判断是否昏迷：意识有无消失；摸：颈动脉跳动是否正常；看：胸部有无起伏；感觉：呼吸有无。呼救旁人帮助，并致电 120 急救中心。

（3）把触电者嘴掰开，看有无异物阻碍气道；如果有，就用棉棒取出。

（4）人工呼吸：开放气道、垫以纱布、呼进气体。（如果合格，则模拟人的绿灯会闪；如果开放气道不好，则气体将吹进胃里，红灯会闪。）

（5）胸外压：两乳头引线的中点，深度为 4~5cm，姿势如图 10.5.1 所示，频率为每分钟 100 下，与人工呼吸比例为 2：30。（国际心肺复苏指南 2000 规定为 2：15，连续 4 个回合。同样每按一下，如果合格，则有绿灯会闪。）

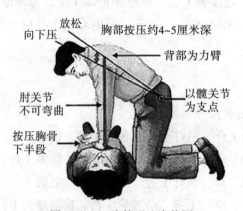

图 10.5.1　胸外压法姿势图

（6）人工呼吸吹 2 口气+按压 3 下为一组，共做完 5 组后再判断患者呼吸是否恢复。

（7）效果评估：能触及颈动脉搏动、收缩压达 60mmHg 以上、散大的瞳孔缩小、唇面甲床紫绀减退、自主呼吸恢复。

3. 实训报告要求

(1)总结口对口人工呼吸法的步骤和注意事项。

(2)总结胸外按压法的步骤和注意事项。

(3)总结急救模拟体会。

10.6 万用表的原理、安装与调试

1. 万用表的结构

万用表主要由三部分组成：表头、测量电路和转换装置。

表头是一只直流微安表，它是万用表的核心，万用表的很多重要性能，如灵敏度、准确度等级、阻尼及指针回零等大多取决于表头的性能。表头的灵敏度是以满刻度时的测量电流来衡量的，此电流又称满偏电流，表头的满偏电流越小，灵敏度就越高。一般万用表表头的灵敏度大多在 $10\sim100\mu A$ 范围内。

测量电路的作用是把被测的电量转化为适合于表头要求的满偏电流以内。测量电路一般包括分流电路、分压电路和整流电路等。分流电路的作用是把被测量的大电流通过分流电阻变成表头所需的微小电流；分压电路是将被测高电压通过分压电阻分压变换成表头所需的低压；整流电路将被测的交流电通过二极管整流变成表头所需的直流电。

万用表的各种测量种类及量程的选择是靠转换装置来实现的，其主要部件是转换开关。转换开关的好坏直接影响万用表的使用效果，好的转换开关应转动灵活、手感好、旋转定位准确、触点接触可靠等，这也是选购万用表时应重点检查的一个项目。

2. 工作原理

1)直流电流的测量

由于表头最大只能流过 $100\mu A$ 的直流电流，为了能测量较大的电流，一般采用并联电阻分流法，使多余的电流从并联的电阻中流过，而通过表头的电流保持在 $100\mu A$ 以内。并联的电阻越小，可测量的电流就越大。其多量程的测量，是通过转换开关及不同的插孔来改变分流电阻的大小而实现的。图 10.6.1 为某型万用表直流电流挡的电路原理图。

图 10.6.1 中和表头相并联的两个二极管为保护表头所装，平时不起作用。图中电容主要起阻尼作用，也起一定的保护作用，如将其增大，则指针转动会变慢。1000Ω 可调电阻是用来校正读数偏差的，即校准用。图 10.6.1 所示电路是万用表的核心电路，图中任何一个电阻或电位器有变值或短路、断路、接触不良等故障，将影响万用表所有量程的测量。误测烧表也多是烧坏这一部分。

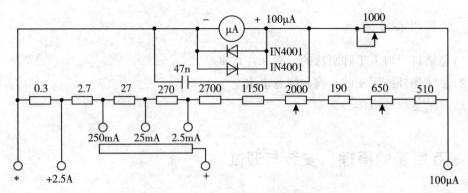

图 10.6.1 万用表直流电流挡的电路原理图

2) 直流电压的测量

在直流电路中，电流、电阻、电压是密不可分的，既然表头可流过电流使指针偏转，而表头自身又有一定的电阻，所以万用表的表头实际上也是一只直流电压表（$U=IR$），只不过测量范围很小，一般只有零点几伏。实际电路中，万用表是通过串联电阻分压来达到扩大量程的目的的。所串联电阻越大，则可测量的电压就越高，电压挡不同的量程就是通过转换开关获得不同的分压电阻来实现的。图 10.6.2 就是某型万用表直流电压挡的电路原理图。

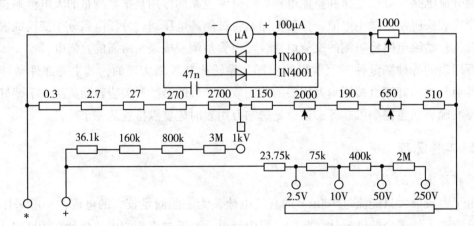

图 10.6.2 万用表直流电压挡的电路原理图

3) 交流电压的测量

由于表头只能流过直流电，因此测量交流时还需要一个整流电路。万用表中一般采用二极管半波整流的形式将交流变为直流。图 10.6.3 所示为某型万用表交流电压挡的电路原理图，当被测交流电处于正半周时，电流经分压电阻（如 50V 时的 36.1k+160k）及整流二极管 V2 流经等效表头，表针偏转；而在被测交流电的负半周，电流直接从二极管 V1 流过分压电阻，而不经过表头。调节 650Ω 电位器即可调节交流电压挡的读数偏差。

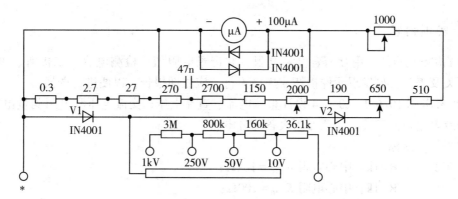

图 10.6.3　万用表交流电压挡的电路原理图

4）电阻的测量

万用表电阻的测量是依据欧姆定律进行的。图 10.6.4 所示为某型万用表电阻挡的电路原理图，利用通过被测电阻的电流及其两端的电压来反映被测电阻的大小，使电路中的电流大小取决于被测电阻的大小，即流经表头的电流由被测电阻所决定，此电流反映在表盘上，欧姆标度尺读数即为被测电阻的阻值。

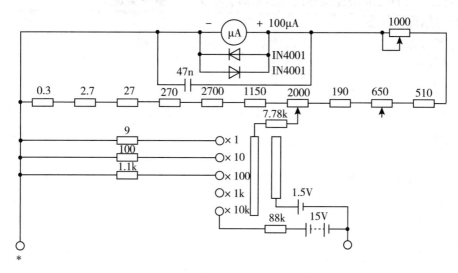

图 10.6.4　万用表电阻挡的电路原理图

3. 实训设备

59C2 型磁电式直流微安表头（最大偏转电流 $I_{cm} = 100\mu A$，表头内阻 $r_0 = 2k\Omega$）、1.5V 干电池、取不同电阻值的各电阻若干、2.2kΩ 调零电位器、二极管若干、转换开关、22μF 电容、保险丝、电烙铁等。

4. 实训内容

(1)检查元器件：用万用表检测电阻，并记录电阻值；检测电容、二极管、电位器、转换开关及表头，如发现元件损坏或规格不符，应立即报告，以便进行调换。

(2)参考图 10.6.1~10.6.4 设计直流电流、直流电压、交流电压和电阻测量电路，并在多功能电路板上安装、联调万用表各部分电路。

主要技术指标：

a. 欧姆挡：R×1k，中心电阻 $R_{M1K}=10\text{k}\Omega$；

R×1k，中心电阻 $R_{M10}=100\Omega$；

电池电压 1.5V(1.25~1.65V)。

b. 直流电流挡：1mA、10mA、100mA。

c. 直流电压挡：1V、10V、100V，电压灵敏度为 10kΩ/V。

5. 设计报告要求

(1)计算出各电阻阻值，并按标称系列取电阻阻值；

(2)布局合理：根据转换开关挡位的位置，拟订出各元器件的布局草图。元件的布局应考虑到各元器件之间的连接导线应尽量短、交叉少，整齐美观。

(3)总结设计体会。

参 考 文 献

[1]秦曾煌. 电工学[M]. 第 6 版. 北京：高等教育出版社，2004.

[2]李瀚荪. 电路分析基础[M]. 第 4 版. 北京：高等教育出版社，2006.

[3]陈雅. 电子技能与实训——项目式教学[M]. 第 2 版. 北京：高等教育出版社，2007.

[4]周绍敏. 电工技术基础与技能[M]. 北京：高等教育出版社，2010.

[5]唐志平. 供配电技术(第三版)[M]. 北京：电子工业出版社，2013.

[6]李正吾. 新电工手册(第二版)[M]. 合肥：安徽科学技术出版社，2016.

[7]秦钟全. 低压电工上岗技能一本通[M]. 北京：化学工业出版社，2015.

[8]张君薇，孙清. 电工基础[M]. 北京：北京大学出版社，2012.

[9]郑怡，权建军. 电工技术基础[M]. 第 2 版. 北京：电子工业出版社，2016.

[10]吴祖国，高卫东，汪小会，马国胜. 电子技术基础实验[M]. 第 2 版. 北京：国防工业出版社，2011.

[11]Matthew N. O. Sadiku, Sarhan M. Musa, Charles K. 应用电路分析 [M]. 苏育挺，王健，张承乾，等，译. 北京：机械工业出版社，2014.

[12]Paul Scherz, Simon Monk. 实用电子元器件与电路基础 [M]. 第 3 版. 夏建生，王仲奕，刘晓晖，等，译. 北京：电子工业出版社，2015.

[13]James W. Nilsson, Susan A. Riedel. 电路 [M]. 第 10 版. 周玉坤，冼立勤，李莉，等，译. 北京：电子工业出版社，2015.